U0338613

汉译世界学术名著丛书

巴黎，19世纪的首都

〔德〕瓦尔特·本雅明 著

刘北成 译

汉译世界学术名著丛书
出 版 说 明

我馆历来重视移译世界各国学术名著。从20世纪50年代起，更致力于翻译出版马克思主义诞生以前的古典学术著作，同时适当介绍当代具有定评的各派代表作品。我们确信只有用人类创造的全部知识财富来丰富自己的头脑，才能够建成现代化的社会主义社会。这些书籍所蕴藏的思想财富和学术价值，为学人所熟知，毋需赘述。这些译本过去以单行本印行，难见系统，汇编为丛书，才能相得益彰，蔚为大观，既便于研读查考，又利于文化积累。为此，我们从1981年着手分辑刊行，至2012年年初已先后分十三辑印行名著550种。现继续编印第十四辑。到2012年年底出版至600种。今后在积累单本著作的基础上仍将陆续以名著版印行。希望海内外读书界、著译界给我们批评、建议，帮助我们把这套丛书出得更好。

商务印书馆编辑部

2012年10月

译者前言

本书收录的是德国学者瓦尔特·本雅明《拱廊研究计划》的几篇完成稿。

本雅明的名字在中国人文学界已经是耳熟能详了。关于他的《拱廊研究计划》可能还需要向读者做些简单的交代。

拱廊研究计划(德文:Das Passagen-Werk;法文:le livre des Passages;英文:The arcades project)是本雅明对巴黎19世纪城市景观的研究。拱廊是覆盖了玻璃顶棚的商业步行街,是现代大型购物中心(shopping mall)的前身。巴黎的拱廊始建于18世纪末。进入19世纪,拱廊如雨后春笋般涌现。拱廊集先进的建筑成就与繁荣的商业展示于一身,成为19世纪到20世纪前期巴黎最重要的景观之一。本雅明的拱廊研究是以巴黎拱廊为切入点展开的一项批判性文化研究。

这项研究计划的缘起是这样的。1925年,一条著名拱廊"歌剧院拱廊"被拆毁。这件事刺激了超现实主义作家阿拉贡。阿拉贡以歌剧院拱廊为背景写了一部小说《巴黎的乡下人》。1927年,旅居巴黎的本雅明读到这部小说,受到触动。用他的说法:现代人的欢乐与其说在于"一见钟情"(love at first sight),不如说在于"最后一瞥之恋"(love at last sight)。巴黎的拱廊在19世纪被视为现代性的成就和象征(本雅明称之为"19世纪最重要的建筑"),竟然在如此短暂的时间里就被抛弃,成为让人凭吊的"古代性"废墟。拱廊拆毁所引起的失落感,让本雅明敏感地意识到现代性的非永恒特征、变动不居性。①

在当时的语境中,现代性与资本主义是一个硬币的两面。本雅明亲身经历了第一次世界大战的惨剧和战后的经济萧条后,怀有一种"浪漫主义的反资本主义态度"(卢卡奇语)。在女友拉西斯等人的影响下,他开始接受马克思主义。他很自然地将20世纪视为资本主义的"末世"(列宁说的"最后阶段")。因此,他产生了通过巴黎拱廊这样一个大都市异化景观来研究19世纪下半叶"资本主义盛世"(high capitalism)的计划,即巴黎拱廊研究计划。当然,他是"通过现在研究过去",他所选择的过去因素是遗留到现在的。他真正关注的是"盛世"如何导致了"末世"(大萧条、法西斯主义等等)的到来。

《拱廊研究计划》既是关于一座城市的研究,也是关于一个时代的研究。本雅明自己明确地说:"正如关于巴洛克的著作(指他的专著《德国悲剧的起源》)是从德国的角度研究17世纪,这部著

① 这个观点在《波德莱尔笔下的第二帝国时期的巴黎》中有明确的表述:"波德莱尔希望自己被人视为一个古典诗人。这一要求以惊人的速度实现了,因为在这首十四行诗中提到的遥远的未来('遥远的时代')在波德莱尔去世后几十年就实现了,而波德莱尔原以为需要几个世纪。诚然,巴黎依然屹立于世,社会发展的大趋势也一如既往。但是,这些趋势越是恒定不变,凡是曾经被经验冠以'全新'标签的事物越容易变得陈旧而被废弃。现代性几乎没有什么方面保持不变,古代性——曾经被人们认为包含在现代性里——真正呈现了废墟的画面。"

作将从法国的角度揭示 19 世纪。”①他的计划是，用大量的材料建造一个“具有秘密联系的世界”，编纂一部关于一个时代的“魔法百科全书”，揭示一个时代的“辩证意象”。

从 1927 年开始，到 1940 年本雅明自杀身亡，《拱廊研究计划》延续了十几年。它是本雅明最后十几年所守护的一个阵地。在法西斯的威胁日益迫近之时，可以说，正是为了完成这项研究，本雅明不愿离开法国和欧洲，以致付出了生命。

这项研究没有完成，但是本雅明留下了一份恢弘的思想-学术遗产。他留下了两个箱子的手稿，其中主要是《拱廊研究计划》的笔记，包括摘录的资料、随时记录下的思考以及片片断断的初稿。后人将这些笔记和提纲整理后，编成德文版的《本雅明文集》第 5 卷（该卷标题：*Das Passagen-Werk*，1982 年）。英译本《拱廊研究计划》（*The Arcades Project*）于 1999 年出版。德文版和英文版的正文部分都有 900 页之多。

严格地说，《拱廊研究计划》的完成稿只有两篇提纲和两篇关于波德莱尔的论文。而这几篇完成稿都是在法兰克福社会研究所的敦促下完成的。

两篇提纲是两份申请资助的研究计划。本雅明于 1934 年成为已迁至纽约的法兰克福社会研究所的正式成员。《1935 年提纲》是他向社会研究所提交的研究计划。这个提纲最初的标题是《巴黎拱廊：一个辩证的意象》；定稿时更名为《巴黎，19 世纪的首都》。

① *The Correspondence of Walter Benjamin 1910—1940*, University of Chicago Press, 1994, pp. 482, 359.

该项研究获得批准,成为社会研究所的一个资助项目。1939年的同名提纲是应社会研究所负责人马克斯·霍克海默的要求在《1935年提纲》的基础上改写的,目的是争取一个美国人的经济赞助。

两篇关于波德莱尔的论文是《拱廊研究计划》的直接成果。《1935年提纲》的第5章是“波德莱尔与巴黎街道”。1937年,本雅明接受霍克海默的建议:“首先写研究计划的这一部分”,写一篇“用唯物主义观点论述波德莱尔的文章”。经过一年的研究,本雅明发现这一章可以扩展为一部专著。他把这部专著定名为《夏尔·波德莱尔:资本主义盛世的抒情诗人》①,并且得意地声称,《拱廊研究》的最重要的主题都汇聚在这里面;这是一部浓缩的《拱廊研究》。按照他的设想,这部专著将由3部分组成。但是他实际上只完成了第二部分《波德莱尔笔下的第二帝国时期的巴黎》。

由于社会研究所对《波德莱尔笔下的第二帝国时期的巴黎》很不满意,本雅明被迫做了全面修改。1939年,新论文《论波德莱尔的几个主题》获得社会研究所的认可,发表于当年《社会研究杂志》第8卷。不过,本雅明本人对这篇文章并不满意。他在给友人的信中表示,这篇论文显示了“弯到极限的哲学之弓。我痛苦地使之适应一种平庸的、甚至是土气的哲学阐述方式”。

按照本雅明自己的说法,《拱廊研究计划》是他后期“全部斗争和全部思想的舞台”。这一时期的其他许多重要研究成果都与《拱

① 德文:Charles Baudelaire, Ein Lyriker im Zeitalter des Hochkapitalismus;英译:Charles Baudelaire:a lyric poet in the era of high capitalism;法译:Charles Baudelaire:un poète lyrique à l'apogée du capitalisme。

廊研究计划》相关，例如著名论文《超现实主义——欧洲知识分子的最新写照》、《机械复制时代的艺术作品》、《讲故事的人》等。

* * *

本雅明的著作有一些晦涩难懂之处，本书也不例外。近年来，我在课堂上与学生一起阅读和讨论这本书。有一些阅读体会可以与读者分享。

首先，本书的一个特异之处是“意象蒙太奇”的论述方法。本雅明写作教师资格论文《德国悲剧的起源》时曾经试图创造一种新的文体，即完全用引文来构成一部著作。在进行拱廊研究时，他受到超现实主义的拼贴方法和电影蒙太奇手法的启发，进而发展了这一设想。本雅明认为，分析历史的方法应该是辩证法，而展示分析成果的方法应该是“文学蒙太奇”。具体而言，首先，他认为，“唯物主义的历史展示应该比传统历史编纂具有更高的形象直观性”，对于历史文化的“阐明”不仅应该以理论的方式进行，而且应该通过可感知的存在来直接展开。这种可感知的存在就是那些历史文化意象。其次，他认为，同一时代的文化意象具有“相应性”(correspondence，一致、感应)和“特定的可辨认性”。这些意象总体上构成了这个时代的辩证意象。在历史著述中运用蒙太奇方法，就意味着把大量的意象拼贴在一起，万花筒式地展示那个时代。这种论述方法，我以为称之为“意象蒙太奇”可能更为恰当。在某种程度上，我们可以用观看电影的方式来阅读两个提纲和《波德莱尔笔下的第二帝国时期的巴黎》。

其次，在阅读次序上，建议读者可以首先阅读 1939 年提纲。该提纲的导言对整个拱廊研究的思路做了提纲挈领的说明。

最后，《波德莱尔笔下的第二帝国时期的巴黎》是围绕着波德莱尔作品的三个主题展开的。第一个主题是波希米亚人（la bohème）。这是一个转义词，指在城市里漂泊的文人，例如 19 世纪的"巴漂"（这里仿"北漂"造的词，指在巴黎漂泊的文人）。波德莱尔也以波希米亚人自况。本雅明对包括文人和密谋家在内的波希米亚人的社会环境和社会地位进行了分析。第二个主题是波德莱尔所描述的闲逛者（flâneur）。与波希米亚人不同，闲逛者不是一种社会范畴，而是一个文学虚构形象，泛指一种精神状态和行为特征。在波德莱尔看来，闲逛者是"人群中的人"，是大城市的产物。本雅明特别强调并分析了波德莱尔在 19 世纪大城市人群中的"震惊"体验。第三个主题是现代性。波德莱尔是最早在"现代性"的标题下把审美的现代经验与历史的现代经验结合在一起加以阐述的。本雅明分析了波德莱尔的"现代性"经验与意识的特点，强调了文人波德莱尔与革命家布朗基在冲击"幻境世界"时的同盟关系。

上面所述仅仅是一个极其简单的提示，未必妥当。本雅明的拱廊研究是一个十分丰富的矿藏。相关的研究文献层出不穷，学界的探讨方兴未艾。读者自会有更好的理解。

* * *

本雅明说，作品一旦诞生就有了不受作者控制的独立生命，会受到不同读者、注释者、翻译者等的千差万别的读解。一部伟大的作品会有辉煌的后续生命。这个说法也可以用到本雅明的作品上。自 20 世纪 50 年代中期起，本雅明的作品在西文世界就具有了这种新的后续生命。近 20 多年来，本雅明的许多作品也陆续译成中文，这种后续生命也在中文世界展开，同样呈现了斑斓的色彩。可以预料，对本雅明的兴趣还会在中国读者中延续下去。

从今天的角度看，波德莱尔所处的时代与其说是“资本主义的盛世”，不如说是“资本主义的起飞阶段”，或者说是现代化的市场化和城市化转型时期。今天的中国在某种意义上也正在经历这种转型。波德莱尔和本雅明的作品对于我们也不无现实的意义。

* * *

本书译自英文。《1935 年提纲》和《1939 年提纲》译自 *The Arcades Project*（哈佛大学出版社，2002 年版）；《波德莱尔笔下的第二帝国时期的巴黎》和《论波德莱尔的几个主题》译自 *Charles Baudelaire: A Lyric Poet in the Era of High Capitalism*（新左派出版社，1973 年版）。中文版的插图有些取自 *The Arcades Project*，有些则取自其他资料。

本书第一版在 2006 年由上海人民出版社刊印。此次交给商务印书馆再版前，我对译文做了校订。其中一个重要改动是 Die Modern 的翻译。这是《波德莱尔笔下的第二帝国时期的巴黎》第 3 章的标题和关键词。英译本将这个词译为 Modernism。我先前也跟着译成“现代主义”。这一版改为“现代性”。此外，特别感谢北京大学博士生姜雪。她依据德文原文，对《1935 年提纲》和《波德莱尔笔下的第二帝国时期的巴黎》做了仔细的校订。

本书的翻译得到许多友人的鼓励和帮助，在此感谢上海人民出版社吴书勇先生、施宏俊先生，三联书店舒炜先生，香港中文大学张历君先生和郭诗咏女士，北京师范大学曹卫东教授，上海师范大学薛毅教授，中央编译局徐洋先生，美国朋友葛艺豪先生，华东师范大学崇明先生和中山大学周立红女士。

我还想向翻译界前辈钱春绮先生表达敬意。本书多处引用波德莱尔《恶之花》的诗篇。为此我参考了钱先生翻译的《恶之花》。钱先生的译文准确典雅,对照原文来阅读钱先生的译作,于我是一种学习的享受。因此,有关诗句大都采用钱先生的译作,只是在个别地方,因语境的考虑稍作修改。

译文虽经校订,但仍恐有舛误不当之处,敬请方家指正。

刘北成

2012年12月5日

目　录

巴黎,19 世纪的首都
(1935 年提纲)

河水泛蓝树芳菲，
夜色甜蜜行人醉，
贵妇盛装争奇艳，
稚女嬉戏紧相随。

——阮重协(音译):《巴黎:法兰西的首都》(河内,1897年),第25首诗

1. 傅立叶与拱廊

这些宫殿的神奇圆柱，
在门廊之间摆满展物，
从各个部分向爱好者展示，
工业在挑战艺术。

——《巴黎新貌》(1828 年)第 1 卷，第 27 页

巴黎拱廊大部分是在 1822 年以后的 15 年间出现的。它们出现的第一个条件是纺织品贸易的繁荣。“时新服饰用品商店”，即最早备有大量商品的设施开始出现了。[①] 它们是百货商店的先驱。巴尔扎克描写的就是这个时代：“从马德莱娜教堂到圣丹尼门，一首宏大的展示之诗吟诵着五光十色的诗节。”[②]拱廊是奢侈品的商贸中心。通过对它们进行装潢，艺术也被用来为商人服务。

---

① 时新服饰用品商店(magasin de nouveautés)提供了对某一类专门商品的任意选择可能。它有许多房间和若干层楼，雇有大量员工。第一个这类商店是 1793 年在巴黎开张的“皮格马利翁”。nouveauté 的意思是“新”；它的复数形式表示“新奇商品”。——原注

皮格马利翁(Pygmalion)是希腊神话中的塞浦路斯国王。他爱上了自己雕塑的少女像。塑像被他的真心所打动，变成了活人。——译者

② 巴尔扎克：“巴黎林荫大道的生理研究史”，载乔治·桑、巴尔扎克、欧仁·苏等编《恶魔在巴黎》，第 2 卷，巴黎，1846 年，第 91 页。

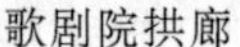

歌剧院拱廊

维罗-多塔拱廊

当代人从未停止过对它们的赞美。在很长一段时间里,它们始终是吸引外国人的观光点。一份巴黎导游图写道:“拱廊是新近发明的工业化奢侈品。这些通道用玻璃做顶,用大理石做护墙板,穿越一片片房屋。那些房主联合投资经营它们。光亮从上面投射下来,通道两侧排列着高雅华丽的商店,因此这种拱廊就是一座城市,甚至可以说是一个微型世界。”拱廊是最早使用汽灯的地方。

拱廊出现的第二个条件是钢铁开始应用于建筑。帝国时期,这种技术被认为对古希腊意义上的建筑革新起了重要作用。建筑理论家博蒂赫尔①表达了这种普遍的信念。他说:“就新体制的种

① 博蒂赫尔(Karl Gottlieb Wilhelm Boetticher,1806—1899),德国建筑师。——译者

种艺术形式而言,希腊风格的形式原则"一定会占上风。[1] 帝国(的风格)[2]是革命恐怖主义的风格,因为对于它来说,国家本身就是目的。正如拿破仑没有认识到国家作为资产阶级统治工具的功能性质,他那个时代的建筑师也没有意识到钢铁的功能性质:构造原则凭借着钢铁开始统治建筑业了。这些建筑师仿照庞培城圆柱来设计支柱,仿照民居来建造工厂,正如后来最早的火车站是仿照瑞士木屋建造的。"构造扮演着无意识的角色。"[3]但是,在革命战争时期产生的工程师概念开始站住了脚跟。建筑师和装饰师之间、综合工科学院和美术学院[4]之间的竞争也开始了。

在建筑史上第一次出现了人造的建筑材料:钢铁。它经历了进化过程,在这个世纪加快了发展速度。当事实表明,19 世纪 20 年代末所实验的火车头只能与铁轨相匹配时,上述发展就进入了一个决定性的新阶段。铁轨成为最早的预制钢铁构件,是钢梁的先驱。钢铁没有应用于住房,而是用于拱廊、展览馆和火车站这些供人们临时逗留的建筑。与此同时,玻璃在建筑中的应用范围扩大了。但是把它作为建筑材料来广泛应用的社会条件只是一百年后才具备。在舍尔巴特[5]的《玻璃建筑》(1914 年)里,它依然出现在乌托邦的语境中。[6]

---

① 博蒂赫尔:"希腊原则和德国建筑",《卡尔·博蒂赫尔百年诞辰纪念》,柏林,1906 年,第 46 页。

② 括号中的文字是根据 1939 年提纲添加的。——译者

③ 奇格弗里德·吉迪翁:《法国的建筑》,莱比锡,1928 年,第 3 页。

④ 综合工科学院建于 1794 年,现又译"巴黎理工大学";美术学院原为皇家美术学院,后改为巴黎美术学院。——译者

⑤ 舍尔巴特(Paul Scheerbart,1863—1915),德国表现派艺术家,建筑理论家。——译者

⑥ 舍尔巴特:《玻璃建筑》,柏林,1914 年。

每一个时代都梦想着下一个时代。

——米什莱:《未来! 未来!》[①]

与新的生产手段的形式——开始还被旧的形式统治着(马克思)——相适应的是新旧交融的集体意识中的意象。这些意象是一些愿望意象:在这些意象里,集体所追求的不仅是克服社会产品的不成熟和社会生产组织的缺失,而且还要美化它们。与此同时,在这些愿望意象中出现了一种坚决的努力,即疏远所有陈旧的东西,也包括刚刚过去的东西。这种倾向使得想象力(受到新事物的刺激)去回溯最原始的过去。在每一个时代都憧憬着下一个时代景象的梦幻中,后者融合了史前的因素,即无阶级社会的因素。关于这种社会的经验——储存在集体无意识中——通过与新的经验相互渗透,产生了乌托邦观念。从矗立的大厦到转瞬即逝的时尚,这种乌托邦观念在生活的千姿百态上都留下了痕迹。

这些联系可以在傅立叶所设想的乌托邦中分辨出来。其秘密的线索是机器的出现。但是,这个事实并没有在傅立叶的作品中直接表达出来。他的作品把商业界的不道德和为之服务的虚假道德作为出发点。法伦斯泰尔的设计意图就是使人回到让道德成为多余的人际关系。法伦斯泰尔的高度复杂组织就像一台机器。情欲的啮合,机械情欲和神秘情欲的错综结合,是用心理学的素材仿

① 于勒·米什莱:"未来! 未来!",《欧洲》,第19卷,第73期(1929年1月15日),第6页。

照机器运转方式所做的简单建构。这种由人构成的机器产生出“流奶与蜜之地”。[①] 傅立叶的乌托邦给这个原始的愿望象征填充了新的生命。

傅立叶在拱廊里看到了法伦斯泰尔的建造规则。拱廊在傅立叶那里的反动变形颇具特色；原来它们服务于商业目的，但在他那里它们变成了居住场所。法伦斯泰尔变成了一个拱廊之城。在帝国时代严格的形式世界里，傅立叶建构了一片比德迈风格[②]的色彩斑斓的田园风光。它的逐渐暗淡的光彩一直延续到左拉。后者在《劳动》一书中接过傅立叶的理想，一如他在《泰雷兹·拉甘》中向拱廊告别。[③]

马克思在批判卡尔·格律恩时为傅立叶辩护。他强调傅立叶“关于人的宏伟构想”[④]。他也注意到傅立叶的幽默。实际上，让·保罗[⑤]在《勒瓦纳》中推崇作为教育家的傅立叶，一如舍尔巴特在《玻璃建筑》中推崇作为乌托邦思想家的傅立叶。[⑥]

---

① “流奶与蜜之地”是《圣经》中上帝所许诺的乐园。见《民数记》第16章和《申命记》第26章。——译者

② 比德迈风格是19世纪前期和中期流行于德国等地的一种艺术风格，介于新古典主义与浪漫主义之间。——译者

③ 《劳动》(1901年)是左拉晚年创作的小说《四福音书》中的第三部。《泰雷兹·拉甘》(1867年)是左拉创作的卢贡家族系列小说中的一部。——译者

④ 见马克思、恩格斯：《德意志意识形态》。

⑤ 让·保罗(Jean Paul, Johann Paul Friedrich Richter, 1763—1825)，德国小说家。——译者

⑥ 让·保罗：《勒瓦纳或教育理论》，见《让·保罗读本》，巴尔的摩，1992年，第269—274页。

2. 达盖尔与全景画[①]

太阳，留心你自己！

——威尔茨[②]:《文学作品》(巴黎，1870年)第374页

正如随着钢铁建筑的问世，建筑学开始超出了艺术，同样，随着全景画的问世，绘画也开始超出了艺术。全景画发展的高峰恰逢拱廊出现。人们通过各种技术发明，力图使全景画成为完美模仿自然的景观。人们试着再现出景色上的日光变幻、月亮的上升和瀑布的奔泻。大卫[③]要求他的学生在全景画中临摹大自然。全景画力图在表现大自然时制造出逼真的变化，因此它不仅为摄影而且为无声电影和有声电影开辟了道路。

与全景画同时存在的是一种全景文学。《巴黎：一百零一卷》、《法国人自画像》、《恶魔在巴黎》、《大城市》都属于这种文学。这些书

---

① 全景画(panorama)是18世纪末到19世纪流行的一种视觉艺术。画家将连续性的叙事场面或风景绘制在平面或曲形的背景上，画面环绕观众展开，在观众和画面之间布置实物。通常全景画展示在圆筒形房屋的内墙上，最早的圆筒直径约18米，后来有的达到40米。观众站在圆筒中心的平台上观看。本雅明这里论述的全景画泛指全景画及其衍生的各种形式，如cosmorama(世界风景展)、georama(人站在里面观看的绘有世界地图的空心球)、neorama(从室内视角看的建筑内景展)，以及达盖尔和布东发明的diorama(透景画，中文里又称“西洋景”)。——译者

② 威尔茨(Antoine Joseph Wiertz，1806—1865)，比利时历史画家。——译者

③ 大卫(Jacques-Lois David，1748—1825)，法国古典派画家。——译者

籍为 19 世纪 30 年代纯文学集体劳动作了铺垫，吉拉丹以“连载专栏”形式为之提供了家园。它们是由一篇篇的速写组成的。它们的趣闻轶事形式相当于全景画的立体摆放的前景，它们的信息基础相当于全景画的画片后景。这种文学也是社会全景写照。工人最后一次脱离其阶级，作为田园风光的一个点缀出现在这里。

全景画宣告了艺术与技术关系的一次大变动，同时也表达了一种新的生活态度。城市居民相对于外省的政治优势在这个世纪中多次得到显示。他们力图把乡村引入城市。在全景画中，城市成为一片风景——正如稍后城市以更精妙的形式成为闲逛者观赏的风景。达盖尔是全景画家普雷沃[1]的学生，普雷沃的设施就设在“全景画拱廊”。[2] 这里需要描述普雷沃和达盖尔的全景画。1839 年，达盖尔的全景画毁于火灾。同年，他宣布发明了达盖尔银版照相法。

阿喇戈[3]在一次国民议会演讲时介绍了摄影术。他指出了它在技术史上的地位，并且预言了它在科学上的应用。另一方面，艺术家开始争论它的艺术价值。摄影术导致了微型肖像画家这一伟大行业的灭亡。这种情况的发生不仅仅是因为经济原因。早期的照片在艺术上也优于微型肖像。导致这种优势的技术原因在于曝光时间长，这就要求对象高度地全神贯注；其社会原因在于最早的

---

① 普雷沃（Pierre Prevost，1764—1823），法国画家。——译者

② 全景画拱廊（Passage des Panoramas），位于巴黎圣马可街与蒙马特尔林荫大道之间。18 世纪末，普雷沃先后在此建两个直径 17 米、高 20 米全景画展厅，中间的通道成为拱廊。1831 年，全景画展厅拆毁，但拱廊至今犹存。——译者

③ 阿喇戈（Francois Arago，1786—1853），法国物理学家，共和主义者。——译者

全景画拱廊前的街景,石版画,Optiz作,1814年

摄影师都属于先锋派,他们的客户也大多出自这一派。纳达尔领先于同行之处在于,他尝试着在巴黎下水道系统拍摄照片:这是历史上第一次要求照相机镜头有所发现。① 从新的技术和社会现实来看,随着绘画和图解信息中的主观成分越来越受到质疑,摄影的重要性也就越来越大了。

1855年的世界博览会第一次设置了专门的"摄影"展厅。同一年,威尔茨发表了论述摄影的精彩文章。他给它确定的任务是对绘画进行哲学启蒙。② 正如他的绘画作品所显示的,这种"启蒙"应该从一种政治意义上来理解。威尔茨可以说是第一个主张

① 纳达尔于1859年开始用电灯光进行拍摄,1861年拍摄了巴黎下水道系统。——译者

② 威尔茨:"摄影",载威尔茨:《文学作品》,巴黎,1870年,第309页起。

纳达尔在气球上拍照，石版画，杜米埃尔作，1862 年

（不如说其实是预见）用摄影蒙太奇来进行政治鼓动的人。随着通讯和交通的范围扩大，绘画的信息价值不断降低。作为对摄影的回应，绘画开始强调画面中的色彩。到印象派让位给立体派为止，绘画为自己创造了一个更广阔的领域，而当时的摄影无法随之进入。就摄影这方面而言，从该世纪中叶起，它大大地扩展了商品交换的领域。它把无数的人物、风景和事件的图像倾泻到市场上，这些图像过去要么根本不可能得到，要么只是提供给个别顾客的图画。为了增加营业量，它通过照相机技术的时髦变化来更新拍摄的题材。这一点决定了后来的摄影史。

3. 格兰维尔[1]与世界博览会

啊，从巴黎到中国，当全世界
把目光集中到你的学说，啊神圣的圣西门。
黄金时代将会重新辉煌地到来，
河川将会流溢着茶叶和巧克力；
烤熟的羊将会在原野上跳跃，
奶汁狗鱼在塞纳河里游嬉；
煮熟的菠菜从田地里蹿起，
油煎面包的碎片俯拾皆是。
树上结满糖煮苹果，
大包大捆丰收在即；
美酒如下雪，小鸡如泉涌，
配着萝卜花，鸭子从天而降。

——朗格勒和范德布什：《路易-布朗兹和圣西门式戏谑》
（"皇家宫廷剧院"，1832 年 2 月 27 日）[2]

---

① 格兰维尔(Jean Ignace Isidore Gerard, 1803—1847)，法国漫画家，Grandville 是其笔名。——译者

② 转引自泰奥多尔·米勒：《剧院史，1789—1851》，第 3 卷，巴黎，1865 年，第 191 页。

世界博览会是商品拜物教的朝圣之地。1855 年,泰纳[1]说道:“欧洲人倾巢出动去看商品。”[2]在世界博览会之前有各国的工业展览会。其中第一个是 1798 年在(巴黎)马尔斯广场举办的。它缘于“让工人阶级娱乐、使之成为他们的一个解放节日”[3]的愿望。工人作为消费者处于突出地位。当时娱乐业的基本架构还没有形成;大众节日提供了这种架构。夏普塔尔[4]论述工业的讲演为 1798 年博览会拉开序幕。

圣西门主义者预见到全世界的工业化,接过了举办世界博览会的主张。谢瓦利埃[5]是这个新领域的第一个权威。他是昂方丹的学生,圣西门主义报纸《地球》的编辑。圣西门主义者预见到全球经济的发展,但没有预见到会有阶级斗争。19 世纪中叶,他们积极参与工商业企业的发展,但对于有关无产阶级的所有问题都束手无策。

世界博览会使商品的交换价值大放光彩。它们造成了一个让商品的使用价值退到幕后的结构。它们为人们打开了一个幻境,让人们进来寻求开心。娱乐业更容易实现这一点,因为它把人提升到商品的水平。人们享受着自己的异化和对他人的异化,听凭娱乐业的摆布。

---

① 泰纳(Hippolyte Taine, 1822—1893),法国艺术评论家、史学家。——译者

② 其实这是欧内斯特·勒南说的。

③ 齐格蒙德·恩兰德:《法国工会史》,第 4 卷,汉堡,1864 年,第 52 页。

④ 夏普塔尔(Jean-Antoine Chaptal, 1756—1832),法国物理学家、化学家。曾任内务部长(1800—1804)。——译者

⑤ 谢瓦利埃(Michel Chevalier, 1806—1879),法国圣西门派经济学家。——译者

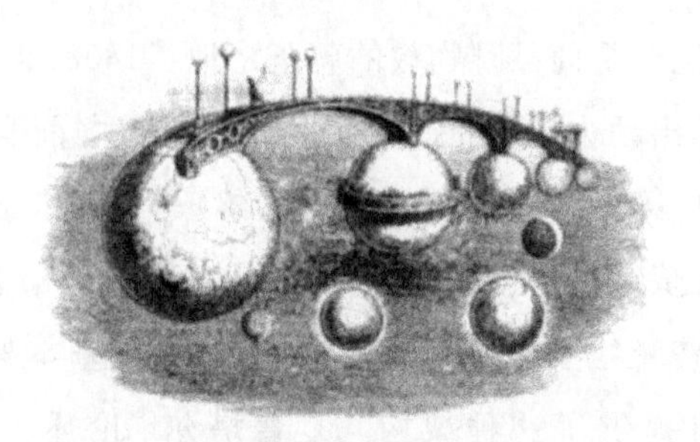

《星际大桥》,版画,格兰维尔作,1844年

商品戴上王冠,周围环绕着娱乐之光,这就是格兰维尔艺术的隐秘主题。这与他的作品中乌托邦因素和嘲讽因素的矛盾相一致。他在表现那些无生命物体时的机巧匠心呼应了马克思所谓商品带有的那种"神学的怪诞"。[①] 这种怪诞明显地体现为"特制品"(spécialité)——这类商品当时出现在奢侈品工业。在格兰维尔的笔下,整个自然界都变成了各种特制品。他是以当时开始用广告宣传商品的方式来表现它们。[法文词"广告"(réclame)也是在这个时候问世的]。他最终死于精神失常。

时尚:"死神先生!死神先生!"

——莱奥帕尔迪[②]:《时尚与死神的对话》[③]

世界博览会建造了商品世界。格兰维尔的奇思妙想给宇宙赋

① 马克思:《资本论》,第1卷,第1章。

② 莱奥帕尔迪(Giacomo Leopardi, 1798—1837),意大利诗人、学者。——译者

③ 莱奥帕尔迪:《随笔与对话》,加州大学出版社,1982年,第67页。

维克多·雨果

予了商品性格。它们使它现代化了。土星光环变成了铸铁阳台，土星居民在那里晚间纳凉。与这种绘画乌托邦相呼应的文学乌托邦可以在傅立叶主义者、博物学家图桑内尔[①]的著作中找到。

时尚规定了商品拜物教所要求的膜拜仪式。格兰维尔扩展了时尚的统治范围，让时尚不仅支配了日用品，也支配了宇宙。通过这种极而言之的做法，他揭示了时尚的本质。时尚是与有机的生命相对立的。它把生命体与无机世界耦合在一起。面对生命，它捍卫尸体的权利。这种屈服于无生命世界的色诱的恋物癖是时尚的生命神经。商品崇拜调动起这种恋物癖。

维克多·雨果为 1867 年巴黎世界博览会发表了一个宣言：

---

① 图桑内尔(Alphonse Toussenel，1803—1885)，法国作家。——译者

《致欧洲人民》。在更早的时候,法国工人代表团就明确无误地表达了欧洲人民的旨趣。法国工人代表团第一次是在1851年参加伦敦世界博览会,第二次有750名代表参加1862年的伦敦世界博览会。第二次活动对于马克思建立国际工人协会有间接的意义。

资本主义文化的幻境在1867年的世界博览会上得到了最光彩夺目的展示。第二帝国达到了鼎盛时期。巴黎被公认为奢侈与时尚的中心。奥芬巴赫为巴黎人的生活谱写了旋律①。轻歌剧是表现资本永恒统治的反讽乌托邦。

1855年的世界博览会

① 奥芬巴赫(Jacques Offenbach, 1819—1880),德裔法国作曲家,作有轻歌剧90部。他的带有讽刺意味的歌剧《巴黎人的生活》等风靡一时。——译者

4. 路易·菲利浦与居室

头颅……就像毛莨似的搁在床头柜上。

——波德莱尔:《被杀害的女人》①

在路易·菲利浦统治时期,作为私人的个体走上了历史舞台。新选举法造成了民主机制的扩展,而这恰恰与基佐导演的议会腐败相伴而行。在这种腐败的外表下,统治阶级通过追求自己的利益而创造了历史。他们为了增加自己的股份而推动铁路建设。他们支持路易·菲利浦的统治,就像是在支持一个管理私人业务的董事长。七月革命使资产阶级实现了1789年的目标(马克思语)。

对于私人而言,生活居所第一次与工作场所对立起来。前者成为室内。办公室是对它的补充。私人在办公室里不得不面对现实,因此需要在居室通过幻觉获得滋养。由于他不想让他的商业考虑扩大为社会考虑,这种需要就越发显得紧迫。在建构他的私人环境时,他把这二者都排除在外。由此产生了居室的种种幻境——对于私人来说,居室的幻境就是整个世界。在居室里,他把遥远的和久远的东西聚合在一起。他的起居室就是世界大剧院的一个包厢。

---

① 参见钱春绮译《恶之花》,人民文学出版社1986年版,第278页。——译者

这里论述一下"青春艺术派"[1]。在世纪之交,在青春艺术派那里,居室被动摇了。当然,按照它自身的意识形态,青春艺术派运动是使居室达到完美的地步。美化孤独的心灵,这是它的目标。个人主义是它的理论。在范·德·费尔德[2]那里,房子变成了个性的表达。装饰对于这种房子的意义,如同一幅画作上的签名。但是,这种意识形态并没有体现出青春艺术派运动的意义。它实际上是在象牙塔中被技术所包围的艺术所做的最后一次突围尝试。这种尝试调动了全部的内心力量。它们最终体现为神秘的线条语言,用作为原始自然世界象征的花朵来与用技术武装的世界对峙。钢铁建筑的新因素——钢架结构——吸引了青春艺术派。青春艺术派在装饰中竭力让这类形式重新回归艺术。混凝土为建筑中的造型提供了新的可能性。这一时期,生活空间的现实重心转移到了办公室。非现实的中心扎根在家里。易卜生的《大建筑师》描写了青春艺术派的后果:个人凭借着自己的内心力量,与技术进行较量,最终导致他的崩溃。

> 我相信……我的灵魂:这个物。
>
> ——莱昂·德贝尔[3]:《文集》(巴黎,1929年)

---

① 青春艺术派(Jugendstil),1895年到1905年间,欧洲的一种前卫风格。——译者

② 范·德·费尔德(Henry Clemens Van de Velde, 1863—1957),比利时建筑师。——译者

③ 莱昂·德贝尔(Leon Deubel, 1879—1913),法国诗人。——译者

居室是艺术的避难所。收藏家是居室的真正居民。他以美化物品为己任。他身上负有西西弗式的任务:不断地通过占有物品来剥去它们的商品性质。但是他只赋予它们鉴赏价值,而不是使用价值。收藏家不仅梦想着进入遥远的或往昔的世界,而且也梦想着进入一个更好的世界——在这个世界里人们所能拥有的所需之物并不比在日常生活世界里更多,但是能够让物品摆脱被使用的辛劳。

居室不仅仅是一个世界,而且是私人的小宝盒。居住在那里就意味着会留下痕迹。在居室里,这些痕迹受到重视。被单、椅罩、盒子、罐子都被大量地设计出来。在这些东西上面,最普通的日用品留下了痕迹。同样,居住者的痕迹留在了居室。由此就出现了寻找这些蛛丝马迹的侦探小说。爱伦·坡在《家具的哲学》一文以及他的侦探小说里表明,他是第一个居室相士。早期侦探小说中的罪犯既不是绅士,也不是流氓,而是中产阶级的私人公民。

5. 波德莱尔与巴黎街道

一切对我都成为寓言。

——波德莱尔：《天鹅》[1]

波德莱尔的天才是寓言家的天才；他从忧郁中汲取营养。在波德莱尔笔下，巴黎第一次成为抒情诗的题材。这种诗歌不是家园赞歌。当这位寓言家的目光落到这座城市时，这是一种疏离者的目光。这是闲逛者的目光。他的生活方式用一种抚慰人心的光晕掩盖了大城市居民日益迫近的窘境。闲逛者依然站在门槛——大都会的门槛，中产阶级的门槛。二者都还没有压倒他。而且他在这二者之中也不自在。他在人群中寻找自己的避难所。对人群的早期论述可见于恩格斯和爱伦·坡的作品。人群是一层面纱，熟悉的城市在它的遮掩下如同幻境一般向闲逛者招手，时而幻化成风景，时而幻化成房屋。二者都成为百货商店的要素。百货商店利用“闲逛”来销售商品。百货商店是闲逛者的最后一个逗留之处。

知识分子以闲逛者的身份走进市场，表面上是随便看看，其实是在寻找买主。在这个过渡阶段，知识分子依然有赞助人，但他们

---

① 参见钱春绮译本，第217页。——译者

已经开始熟悉市场。他们以波希米亚人的形象出现。与其不稳定的经济地位相适应的是,他们的政治功能也不稳定。后者最明显地体现在职业密谋家身上。职业密谋家都属于波希米亚人行列。他们最初是在军队中活动,后来转移到小资产阶级中间,偶尔也在无产阶级中间活动。不过,这个群体把真正的无产阶级领袖视为自己的对头。《共产党宣言》终结了他们的政治前途。波德莱尔的诗歌是从这群人的反叛情绪中汲取力量。他与反社会分子更亲近。他只是与一个妓女发生性关系。

> 通向地狱之路是很轻快的。
>
> ——维吉尔:《埃涅阿斯记》

把女人意象和死亡意象混合在第三种意象即巴黎的意象中,这是波德莱尔诗歌的独特之处。他诗中的巴黎是一座陆沉的城市,不是陷落到地下,而是陷落到海底。这座城市的冥府因素——地貌结构、被遗弃的旧塞纳河床——在他笔下明显地表现为一种模式。但是,对于波德莱尔来说,在这个城市的"充溢死亡的田园诗"中,最关键的是一种社会基质,一种现代基质。现代性是他诗中最主要的关切。由于忧郁,它(现代性)打碎了理想(《忧郁与理想》[1])。但是,恰恰是现代性总在召唤悠远的古代性。这种情况是通过这个时代的社会关系和产物所特有的暧昧性而发生的。暧昧是辩证法的意象表现,是停顿时刻的辩证法法则。这种停顿是

---

① 《忧郁与理想》是《恶之花》第一部的标题。——译者

乌托邦,是辩证的意象,因此是梦幻意象。商品本身提供了这种意象:物品成了膜拜对象。拱廊也提供这种意象:拱廊既是房子,又是街巷。妓女也提供了这种意象:卖主和商品集于一身。

> 旅行是为了认识我的地盘。
>
> ——《疯人笔记》,出自马赛尔·雷雅[①]:《疯人的艺术》

《恶之花》的最后一首诗《旅行》这样写道:"啊,死亡,老船长,时间到了!快起锚!"闲逛者的最后一次旅行:死亡。目标:新奇。"跳到未知之国的深部去猎获新奇!"[②]新奇是一种独立于商品使用价值之外的品质。它是一种虚幻意象的根源——这种虚幻意象完全属于由集体无意识所产生的意象。它是那种以不断翻新的时尚为载体的虚假意识的精髓。就像一面镜子反映在另一面镜子里那样,这种新奇幻觉也反映在循环往复的幻觉中。这种反映的产物就是"文化史"幻境:在"文化史"中,资产阶级完全陶醉于自己的虚假意识之中。艺术已经开始怀疑自己的任务并且不再"与功利难解难分"(波德莱尔)[③],不得不把新奇作为最高价值。对于这种艺术而言,"新奇的裁判者"是势利小人。他与艺术的关系恰如丹蒂与时尚的关系。

正如在17世纪寓言变成辩证意象的规范,在19世纪新奇就

---

① 马赛尔·雷雅(Marcel Réja)是法国精神病学家保罗·缪尼埃(Paul Meunier)的笔名。——译者

② 见钱春绮译本,第345、346页。——译者

③ 波德莱尔:《全集》,第2卷,巴黎,1976年,第27页。

是辩证意象的准则。在“时新服饰用品商店”兴旺发展的同时,报纸也很繁荣。出版业领导了精神价值的市场,一开始就如火如荼地发展。异议者反对艺术屈从市场。他们集合在“为艺术而艺术”的旗帜下。从这个口号中产生了“总体艺术作品”的概念[①],试图使艺术脱离技术的发展。用于庆祝这种艺术的严肃仪式与让商品大放光彩的娱乐是相反相成的。二者都脱离了人的社会存在。波德莱尔沉溺于对瓦格纳的迷恋。

① 瓦格纳相信,未来的音乐、舞台美术以及其他艺术门类都会融合在总体艺术作品(Gesamtkunstwerk)中。——译者

6. 奥斯曼与街垒

我崇拜善和美以及一切伟大的事物；
美好的自然启迪了伟大的艺术，
它是多么让人赏心悦目；
我爱鲜花盛开的春天：女人和玫瑰。

——奥斯曼伯爵：《一头老狮子的自白》①

无论是装饰的丰富多彩，
还是田园风光、建筑的魅力，
还是所有舞台布景的效果，
仅仅取决于透视法则。

——弗兰茨·伯勒：《剧场手册》

奥斯曼的城市规划理想是放眼望去、视野开阔的通衢大道。这种理想与19世纪反复出现的趋势相吻合，即用艺术目标来高扬技术的必要性。资产阶级的世俗统治机构和精神统治机构都发现林荫大道的形式是它们推崇的典范。在竣工之前，林荫大道被帆

① 这是奥斯曼伯爵匿名发表的，没有注明时间和地点。奥斯曼（Baron Georges-Eugene Haussmann，1809—1891），法国民政官员、城市规划者，主持了巴黎的改建。——译者

奥斯曼

布遮盖起来,然后像纪念碑一样举行揭幕仪式。

奥斯曼的活动与拿破仑三世的帝国主义密切相关。路易·拿破仑鼓励金融投资,巴黎经历了一次投机狂潮。股票交易投机取代了封建社会流传下来的种种赌博方式。闲逛者所迷恋的空间幻境与赌徒所迷恋的时间幻境相互呼应。赌博把时间变成了麻醉剂。保罗·拉法格[①]把赌博解释为对诡秘的市场形势的微型模拟。[②] 奥斯曼推行的拆迁征地引发了欺诈投机的浪潮。在资产阶

---

① 拉法格(Paul Lafargue,1842—1911),马克思的女婿,法国社会主义运动领袖。——译者

② 拉法格:《论上帝信仰的原因》,载《新时代》,斯图加特,1906 年,第 24 期。

级和奥尔良反对派的推动下,最高法院的多次裁决使奥斯曼的拆迁改建工程增加了财政风险。

奥斯曼试图在巴黎实行紧急状况,以此维护他的独断专行。1864年,他在国民议会讲演时发泄了他对那些失去根柢的大城市居民的仇恨。这部分居民由于他的改建计划而不断增多。房租的上涨把无产阶级赶到了郊区。巴黎的“城区”就失去了特有的面貌。“红色地带”由此形成。奥斯曼自称是“拆毁艺术家”。他对自己的工作有一种使命感,后来在回忆录里也强调这一点。与此同时,他也使巴黎人疏离了自己的城市。他们不再有家园感,而是开始意识到大都市的非人性质。马克西姆·迪康的鸿篇巨制《巴黎》就产生于这种意识。①《一个奥斯曼统治下的人的耶利米书》给这种意识赋予了圣经哀歌的形式。②

奥斯曼计划的真正目的是确保这个城市能够免于内战。他希望使巴黎永远不可能再修筑街垒。怀着同样的目的,路易·菲利浦早已推行木板路面。但是,街垒在二月革命中依然发挥了重要作用。恩格斯研究过街垒战的战术。③ 奥斯曼力图从两个方面使这种战术失效。拓宽街道将使修筑街垒成为不可能,新修的街道将使军营以最短距离通向工人住宅区。当时人们把这一举措称为“战略性美化工程”。

---

① 马克西姆·迪康:《19世纪下半叶的巴黎:其器官、功能和生命》,6卷本(巴黎,1869—1875年)。

② 作者不详:《被遗弃的巴黎:一个奥斯曼统治下的人的耶利米书》,巴黎,1868年。

③ 恩格斯:《马克思〈1848年至1850年的法兰西阶级斗争〉一书导言》(1895年)。

巴黎公社时期的街垒

挫败他们的阴谋,

啊,共和国,向这些邪恶者展现,

你巨大的美杜萨面孔,

四周交织着红色的闪电。

——1850年前后的工人歌曲,阿道夫·斯塔尔:《巴黎两个月》(奥尔登堡,1851年),第2卷,第199页[①]

在公社期间,街垒重新矗立在街头。它比以前更坚固、更安全。它横贯林荫大道,常常有两层楼高,掩护着后面的战壕。正如《共产党宣言》结束了职业密谋家的时代,公社结束了笼罩着无产阶级早年阶段的那种幻境。它驱散了那种认为无产阶级的任务是与资产阶级携手完成1789年工作的错觉。这种错觉支配了从1831年到1871年,即从里昂起义到巴黎公社这整个时期。资产阶级从未有过这种误解。它从大革命时代起就开始反对无产阶级的社会权利。它的这种斗争与慈善运动交汇在一起。慈善运动掩护了它,并且在拿破仑三世统治下达到了最兴旺的时期,出现了标志性的著作:勒普莱的《欧洲工人》。[②] 与这种遮掩性的慈善立场相辅相成的是,资产阶级一直公开坚持阶级斗争的立场。早在1831年,它就在《辩论日报》[③]上承认:"所有的工厂主生活在自己

① 这首诗转引自比埃尔·杜邦:《选举之歌》。

② 勒普莱:《欧洲工人:欧洲工人的劳动、家庭生活和道德状况研究》,巴黎,1855年。

③ 《辩论日报》(Journal des Debats)是《政治和文学辩论日报》(Journal des Debats politiques et litteraires)的简称。该报1789年创刊于巴黎,七月王朝时期为政府的报纸,奥尔良派机关报。1848年革命时期,该报反映秩序党的观点。——译者

的工厂里，就像种植园主生活在奴隶之中。”如果说旧式工人起义的不幸在于没有革命理论来指导他们，那么换一个角度看，正是由于没有理论，才使他们有可能发挥自发的能量和热情去着手创建一个新社会。这种热情在公社期间达到了巅峰，一度为工人阶级赢得了资产阶级的优秀分子，但也最终导致它败于资产阶级的恶劣分子之手。兰波和库尔贝都宣布支持公社。巴黎焚城[①]可以说

巴黎焚城

① 巴黎公社失败时，公社战士纵火焚城。——译者

是奥斯曼的拆毁工作应得的结局。

我慈爱的父亲曾经在巴黎生活。

——卡尔·古茨科[①]:《巴黎书简》

(莱比锡,1842年),第1卷,第58页。

巴尔扎克第一个说到资产阶级的废墟。[②] 但最先让我们睁开眼睛看到废墟的是超现实主义。生产力的发展使上个世纪的愿望象征变得支离破碎了,这甚至发生在代表它们的纪念碑倒塌之前。在19世纪,生产力的发展促成种种创作形式从艺术中解放出来,正如16世纪科学从哲学中解放出来。建筑成为一种结构工程,开了风气之先。然后是复制自然的摄影。奇幻的创造随时变成实用的商业艺术。文学屈从于报纸专栏的蒙太奇剪接。所有这些产物都即将作为商品进入市场。但是它们还在门口徘徊。在这个时代产生了拱廊和私人居室、展览大厅和全景画。它们是梦幻世界的残存遗迹。在苏醒的过程中让梦幻因素变成现实,这是辩证思维的范式。因此,辩证思维是历史觉醒的关键。实际上,每一个时代不仅梦想着下一个时代,而且也在梦幻中催促着它的觉醒。每个时代自身就包含着自己的终结,而且正如黑格尔早已注意到的,用狡计来展现它。随着市场经济的大动荡,甚至在资产阶级的纪念碑倒塌之前,我们就开始把这些纪念碑看作废墟了。

---

① 卡尔·古茨科(Karl Ferdinand Gutzkow,1811—1878),德国小说家和剧作家。——译者

② 巴尔扎克:《巴黎的失踪者》,载《恶魔在巴黎》,第2卷,巴黎,1845年,第18页。

巴黎，19世纪的首都
（1939年提纲）

导　言

历史就像雅努斯：它有两副面孔。无论看着过去还是看着现在，它看的都是同样的东西。

——马克西姆·迪康：《巴黎》，第 6 卷，第 315 页

本书的研究对象是由叔本华在下列说法中所表达的那种错觉：要想把握历史的本质，只需要把希罗多德与晨报做一比较。[①]这里所表达的是 19 世纪的历史观所特有的一种眩晕感。它对应的是一种观念，即世界的进程乃是一个由物化事实组成的无限系列。这种观念所特有的积淀就是所谓的“文明史”，即一点一点地清点人类的生活方式和创造。堆积在文明宝库里的财富由此就显得好像是被所有世代都确认的。这种历史观贬低了下述事实，即不仅这种财富的存在，而且它们的传承都应归因于社会的持续努力，而且由于这种努力，这些财富发生了奇异的变化。我们这项研究旨在表明，作为文明物化表现的一个结果，19 世纪的新行为方式和基于新经济和新技术的创造物是如何参与了一种幻境世界。我们对这些创造物的“阐明”不仅以理论的方式，即通过意识形态的转换进行，而且通过它们可感知的存在来直接展开。它们表现

① 这段话出自本雅明对一部书做的笔记。叔本华的作品没有这种表述。

为各种幻境。由此就出现了拱廊——钢铁建筑领域里的第一项;出现了世界博览会——它与娱乐业的联系意味深长。在这类现象里还包括闲逛者的经验——他让自己沉溺于市场的幻境。在市场幻境里,人们只是作为类型出现的。与市场幻境相对应的是居室幻境。居室幻境的产生缘于人们迫不及待地需要把自己私人的个体存在的印记留在他所居住的房间里。至于文明本身的幻境,奥斯曼成为它的代言人,奥斯曼对巴黎的改建成为它最明显的表现。

然而,笼罩着商品生产社会的浮华与辉煌,以及这个社会的虚幻的安全感,都不能使社会免于危难。第二帝国的垮台和巴黎公社都提醒着这一点。在同一时期,这个社会最畏惧的对手布朗基在他的最后一篇文章中向社会揭示了这个幻境的可怕特征。人类在这里是作为罪人出现的。它所期盼的一切新事物最终表明不过是一直存在的现实;这种新奇性几乎不可能提供一种解放的出路,正如一种新时尚不可能让社会焕然一新。布朗基的宇宙思考传达了一个教训:只要幻境在人类中间占据着一席之地,人类就将遭受一种神话式的痛苦。

1. 傅立叶与拱廊

I

这些宫殿的神奇圆柱，
在门廊之间摆满展物，
从各个部分向爱好者展示，
工业在挑战艺术。

——《巴黎新貌》(1828年)，第1卷，第27页

巴黎拱廊大部分是在1822年以后的15年间建造的。它们得以发展的第一个条件是纺织品贸易的繁荣。"时新服饰用品商店"，即最早备有大量商品的设施开始出现了。它们是百货商店的先驱。巴尔扎克描写的就是这个时代："从马德莱娜教堂到圣丹尼门，一首宏大的展示之诗吟诵着五光十色的诗节。"拱廊是奢侈品的商贸中心。通过对它们进行装潢，艺术也被用来为商人服务。当代人从未停止过对它们的赞美。在很长一段时间里，它们始终是吸引游客的一个地方。一份巴黎导游图写道："拱廊是新近发明的工业化奢侈品。这些通道用玻璃做顶，用大理石做护墙板，穿越一片片房屋。房主联合投资经营它们。光亮从上面投射下来，通

巴黎“玻马舍”百货商场(创办于 1852 年),木版画,约 1880 年

道两侧排列着高雅华丽的商店,因此这种拱廊就是一座城市,甚至可以说是一个微型世界。”拱廊是最早使用汽灯的地方。

拱廊出现的第二个条件是钢铁开始应用于建筑。帝国时期,这种技术被认为对古希腊意义上的建筑革新起了重要作用。建筑理论家博蒂赫尔表达了这种普遍的信念。他说:“就新体制的种种艺术形式而言,希腊风格的形式原则”一定会占上风。帝国的风格是革命恐怖主义的风格,因为对于它来说,国家就是目的本身。正如拿破仑没有认识到国家作为资产阶级统治工具的功能性质,他那个时代的建筑师也没有意识到钢铁的功能性质:构造原则凭借着钢铁开始统治建筑业了。这些建筑师仿照庞培城圆柱来设计支柱，仿照民居来建造工厂，正如后来最早的火车站是仿照瑞士木屋建造的。“构造扮演着无意识的角色。”但是，在革命战争时期产生的工程师概念开始站住了脚跟。建筑师和装饰师之间、综合工科学院和美术学院之间的竞争也开始了。

自罗马人以来，第一次出现了人造的建筑材料：钢铁。它经历了进化过程，在这个世纪加快了发展速度。当事实表明，1828—1829 年以来被广泛实验的对象——火车头只能在铁轨上有效运行时，上述发展就进入了一个决定性的新阶段。铁轨成为最早的预制钢铁构件，是钢梁的先驱。钢铁没有应用于住房，而是用于拱廊、展览馆和火车站这些供人们穿行的建筑。

Ⅱ

> 不难理解，任何得到历史承认的群众的“利益”，当它最初出现于世界舞台时，总是在“思想”或“观念”中远远的超出自己的实际界限。
>
> ——马克思、恩格斯：《神圣家族》

傅立叶乌托邦的秘密线索是机器的出现。法伦斯泰尔的设计意图就是使人回归到让道德成为多余的人际关系。在这种环境里，尼禄会变成比费奈隆更有益的社会成员。① 傅立叶为此并没

① 尼禄(Nero)是罗马帝国的暴君。费奈隆(Fénelon，1651—1715)是法国天主教主教，提倡改革，被视为促成启蒙运动的过渡性人物。——译者

有指望美德;相反,他倚重的是社会的一种有效功能,认为社会的动力是情欲。通过情欲的啮合,通过机械情欲和神秘情欲的错综结合,傅立叶把集体心理想象成一种钟表式的机器。傅立叶主义的和谐乃是这种组合游戏的必然产物。

傅立叶给这个形式严格的帝国世界引进了一种被1830年代的风格所渲染的田园诗。他设计了一个体系,把他的绚丽观念的产物和他对数字的古怪态度的产物混合在一起。傅立叶的"和谐"与其他选择数字的神秘传统毫无相近之处。他所谓的和谐实际上是他个人判断的直接产物——对于他想象的高度发达的组织的精心论述的直接产物。例如,他预见到开会将变得对于公民多么重要。对于法伦斯泰尔的居民,每日的生活不是围绕着住所来安排的,而是在类似股票交易所的大厅里有组织地进行的。在股票交易所里,会议是由经纪人安排的。

巴黎股票交易所,19世纪中期

傅立叶在拱廊里看到了法伦斯泰尔的建造规则,也正是由此而突显了他的乌托邦的“帝国性质”。傅立叶本人天真地承认:“全体成员的国家因长久地被拖延而会在问世时更光彩夺目。梭伦和伯利克里时代的希腊早就能够实行它了。”[1]拱廊原来的宗旨是服务于商业目的,在傅立叶那里变成了居住场所。法伦斯泰尔就是由拱廊组成的城市。在这个“拱廊之城”,这位工程师的建筑具有一种幻景性质。“拱廊之城”是一个梦想,直到 19 世纪下半叶,它一直吸引着巴黎人的兴趣。迟至 1869 年,傅立叶所设想的“街道—画廊”给穆瓦兰的《2000 年的巴黎》提供了一幅蓝图。[2] 在这里,城市所采用的结构使它及城市中的店铺和百货公司成为闲逛者眼中的一个理想背景。

马克思反对卡尔·格律恩而捍卫傅立叶,强调傅立叶“关于人的宏伟构想”。[3] 他认为傅立叶是除黑格尔之外唯一揭露了小资产阶级的中庸本质的人。黑格尔用体系征服这种类型,傅立叶则用幽默消灭了它。傅立叶乌托邦的一个最明显的特征是,它从不鼓吹人对自然的开发(剥削)[4]——这种开发(剥削)观念后来广为流传。相反,在傅立叶看来,技术是点燃自然炸药桶的火花。或许由此可以理解为什么他会很奇怪地把法伦斯泰尔说成是通过“爆炸”来传播的。后来的人开发(剥削)自然的观念反映了生产工具所有者对人的剥削现实。如果把技术整合进社会生活的努力失败了,那么问题就出在这种剥削。

---

① 傅立叶:《四种运动和一般命运的理论》。

② 托尼·穆瓦兰:《2000 年的巴黎》,巴黎,1869 年。

③ 马克思、恩格斯:《德意志意识形态》。

④ 开发和剥削在西文里是一个词:exploitation。——译者

2. 格兰维尔与世界博览会

I

啊，从巴黎到中国，当全世界
把目光集中到你的学说，啊神圣的圣西门。
黄金时代将会重新辉煌地到来，
河川将会流溢着茶叶和巧克力；
烤熟的羊将会在原野上跳跃，
奶汁狗鱼在塞纳河里游嬉；
煮熟的菠菜从田地里蹿起，
油煎面包的碎片俯拾皆是。
树上结满糖煮苹果，
大包大捆丰收在即；
美酒如下雪，小鸡如泉涌，
配着萝卜花，鸭子从天而降。

——朗格勒和范德布什：《路易·布朗兹和圣西门式戏谑》
（“皇家宫廷剧院”，1832 年 2 月 27 日）

世界博览会是商品拜物教的朝圣之地。1855年,泰纳说道:“欧洲人倾巢出动去看商品。”[①]在世界博览会之前有各国的工业展览会。其中第一个是1798年在(巴黎)马尔斯广场举办的。它缘于“让工人阶级娱乐、使之成为他们的一个解放节日”[②]的愿望。工人应成为它们的首要消费者。当时娱乐业的基本架构还没有形成;大众节日提供了这种架构。夏普塔尔论述工业的著名讲话为1798年博览会揭幕。

圣西门主义者预见到全世界的工业化,坚持举办世界博览会的主张。谢瓦利埃是这个新领域的第一个权威。他是昂方丹的学生,圣西门主义报纸《地球》的编辑。圣西门主义者预见到全球经济的发展,但没有预见到会有阶级斗争。因此,我们看到,在19世纪中叶,他们积极参与工商业企业的发展,但对于有关无产阶级的所有问题都束手无策。

世界博览会推崇的是商品的交换价值。它们造成了一个让商品的使用价值退到幕后的结构。它们成为一个学校,给在消费上遭到排斥的大众灌输商品的交换价值观念,让他们认同这种价值观念:“不要触摸展品。”世界博览会由此提供了进入一个幻境的途径,让人们进来寻求开心。在这些娱乐中——人们会沉溺于娱乐业的架构中——个人始终是密集人群的一分子。这些民众在游乐园里兴高采烈地坐在过山车、旋转车、游乐园列车上——纯粹是一种条件反射的态度。由此导致了工业宣传和政治宣传所指望的那

① 其实这是欧内斯特·勒南说的。

② 齐格蒙德·恩兰德:《法国工会史》,汉堡,1864年,第4卷,第52页。

种听任摆布的状态。

商品戴上王冠，周围环绕着娱乐之光，这就是格兰维尔艺术的隐秘主题。由此出现了他的作品中乌托邦因素和嘲讽因素的矛盾。他在表现那些无生命物体时的机巧匠心呼应了马克思所谓商品带有的那种“神学的怪诞”①。这种怪诞明显地体现为“特制品”(spécialité)——这类商品当时出现在奢侈品工业。世界博览会构成了一个特制品的世界。格兰维尔的奇思妙想达到了同样的目的。它们使宇宙现代化了。在他的作品中，土星光环变成了铸铁阳台，土星居民在那里晚间纳凉。同理，在世界博览会上，铸铁阳台可以代表土星，有幸站在阳台上的人会恍若被带入一个幻境，会觉得自己变成了土星居民。与这个绘画乌托邦相对应的文学乌托邦就是傅立叶主义学者图桑内尔的著作。图桑内尔是一份通俗报纸的自然科学编辑。他的动物学是根据时尚规则来对动物界进行分类的。他认为女人介于男人和动物之间。女人在某种意义上是动物界的装饰者。动物界反过来把它们的羽毛和皮毛堆在她的脚前。“狮子最喜欢的莫过于让人修理它的指甲，只要是一个漂亮的姑娘在挥动剪刀。”②

① 马克思：《资本论》，第1卷，第1章。

② 阿尔方斯·图桑内尔：《鸟的世界：激情鸟类学》，第1卷，巴黎，1853年，第20页。

Ⅱ

时尚："死神先生！死神先生！"

——莱奥帕尔迪：《时尚与死神的对话》①

时尚规定了商品拜物教所要求的膜拜仪式。格兰维尔扩展了时尚的统治范围，让时尚不仅支配了日用品，也支配了宇宙。他通过这种极而言之的方式揭示了时尚的本质。时尚是与有机的世界相对立的。它把生命体与无机世界耦合在一起。面对生命，它捍卫尸体的权利。这种屈服于无生命世界色诱的恋物癖是时尚的中枢神经。格兰维尔的奇思妙想是与时尚精神相呼应的。后来，阿波里耐用这样一个意象描述时尚精神："自然界的任何材料现在都可能被用来编织女人的服饰。我见过用公鸡做成的一件迷人的服装。铁、木头、沙子等等现在都突然加入服装工艺……他们用威尼斯玻璃做鞋，用巴卡拉②水晶做帽子。"③

① 莱奥帕尔迪：《随笔与对话》，加州大学出版社，1982年，第67页。
② 巴卡拉：法国城市，以生产玻璃著称。——译者
③ 纪尧姆·阿波里耐：《被谋杀的诗人》，1916年。

3. 路易·菲利浦与居室

I

我相信……我的灵魂:这个物。

——莱昂·德贝尔:《文集》(巴黎,1929 年)

在路易·菲利浦统治时期,作为私人的个体走上了历史舞台。对于私人个体而言,居所第一次与工作场所对立起来。前者成为室内。办公室是对它的补充(就办公室而言,它明显地区别于店铺柜台,配有地球仪、地图和扶手,看上去就像是在今天住宅之前的那种巴洛克房间的遗存)。私人在办公室里不得不面对现实,因此需要在居室通过幻觉获得滋养。由于他不想把对他的社会功能的明确意识嫁接在他的商业考虑上,这种需要就越发显得紧迫。在建构他的私人环境时,他把这二者都排除在外。由此产生了居室的种种幻境——对于私人来说,居室的幻境就是整个世界。在居室里,他把遥远的和久远的东西聚合在一起。他的起居室就是世界大剧院的一个包厢。

居室是艺术的避难所。收藏家是居室的真正居民。他以美化物品为己任。他身上负有西西弗式的任务:不断地通过占有物品来剥去它们的商品性质。但是他只赋予它们鉴赏价值，而不是使用价值。收藏家乐于召唤一个不仅时空遥远而且更加美好的世界——当然，在这个世界里人们能够拥有的所需之物并不比在日常生活世界里更多，但是能够让物品摆脱被使用的辛劳。

Ⅱ

> 头颅……
>
> 就像毛茛似的搁在床头柜上。
>
> ——波德莱尔：《被杀害的女人》①

居室不仅仅是一个世界，而且是私人的小宝盒。甚至从路易・菲利浦的时代起，资产阶级就表现出一种倾向，即要对大城市缺乏私人生活痕迹加以弥补。他们力图在寓所四壁之内来完成此事。他们似乎把永久保存他们的日常用品和附属品的遗迹看作非常光荣的事情。他们乐于不断地接受自己作为物品主人的印象。他们为拖鞋、怀表、毯子、雨伞等设计了罩子和容器。他们明显地偏爱天鹅绒和长毛绒，用它们来保存所有触摸的痕迹。在第二帝国特有的一种时尚里，寓所变成了一种密封舱。居住者的痕迹留在了居室。这就是寻找这些蛛丝马迹的侦探小说的起源。爱伦・坡在《家具的哲学》一文以及他的侦探小说里表明，他是第一个居室相士。早期侦探小说中的罪犯既不是绅士，也不是流氓，而是中

① 参见钱春绮译本，第 278 页。——译者

产阶级的私人公民。(《黑猫》、《泄密的心》、《威廉·威尔逊》①)

Ⅲ

这是在寻觅我的家……这种寻觅是我的痛苦……何处是我的家？我询问而寻觅，已经寻觅；然而没有寻觅到。

——尼采：《查拉斯图拉如是说》②

19世纪末，在“青春艺术派”的作品里出现了消灭居室的倾向，但这种倾向由来已久。居室装饰艺术是一种样式艺术。青春艺术派敲响了样式的丧钟。它以“世纪病”之名、以永远热忱的追求，反对对样式的痴迷。青春艺术派第一次把某些建筑形式考虑在内。它还竭力把它们与其功能关系区分开，把它们表现为天然限制。总之，它竭力使它们风格化。钢铁建筑的新因素——尤其是钢架——要求人们注意这种“现代风格”。在装饰领域里，青春艺术派竭力把这些形式纳入到艺术之中。混凝土为建筑提供了新的可能性。由于范·德·费尔德的贡献，房子变成了可塑的个性表达。装饰对于这种房子的意义，如同一幅画作上的签名。它兴高采烈地说着一种神秘的线条语言。在这种语言里，作为大自然象征的花朵化为建筑的线条。(青春艺术派的曲线是与《恶之花》

① 这几篇均为爱伦·坡的作品。——译者

② 见尼采：《查拉斯图拉如是说》，文化艺术出版社2003年版，第4部分，“影子”。——译者

这个标题同时出现的。花环标志了从“恶之花”向奥迪伦·雷东[1]的“花之魂”乃至斯万的“摆弄卡特来兰花”[2]的转变。)

从此以后,正如傅立叶所预见的,公民私人生活的真正框架越来越需要到办公室和商业中心去寻找。而个人生活的虚拟框架则建构在私人居室里。易卜生的《大建筑师》正是这样来评估青春艺术派。个人凭借着自己的内心力量,与技术进行较量,最终导致他的垮台:建筑师索尔尼斯从高塔上跳下,结束了自己的生命。

① 奥迪伦·雷东(Odilon Redon,1840—1916),法国象征主义画家。——译者

② “摆弄卡特来兰花”是普鲁斯特的小说《追忆似水年华》中主人公斯万的隐喻,表示“做爱”之意。见该小说第1部,第2卷《斯万之恋》。——译者

4. 波德莱尔与巴黎街道

I

一切对我都成为寓言。

——波德莱尔:《天鹅》[①]

波德莱尔的天才是寓言家的天才;他从忧郁中汲取营养。在波德莱尔笔下,巴黎第一次成为抒情诗的题材。这种景物诗与所有的家园赞歌相反。这位寓言天才的目光落到城市。它所显示的是一种深刻的疏离。这是闲逛者的目光。他的生活方式用一种抚慰人心的光晕掩盖了我们那些大城市的未来居民的焦虑。闲逛者在人群中寻找自己的避难所。对于闲逛者来说,人群是一层面纱,熟悉的城市在它的遮掩下化为一种幻境。城市时而幻化成风景,时而幻化成房屋。这些后来激发了百货商店的装潢。百货商店利用"闲逛"来销售商品。总之,百货商店是最后的闲逛场所。

知识分子以闲逛者的身份开始逐渐熟悉市场。他们向市场投降了,表面上是随便看看,其实是在寻找买主。在这个过渡阶段,知

① 参见钱春绮译本,第217页。——译者

识分子依然有赞助人，但他们已经开始屈从于市场的要求（以报纸专栏的形式）。他们以波希米亚人的形象出现。与其不稳定的经济地位相适应的是，他们的政治功能暧昧含混。后者最明显地体现在职业密谋家身上。职业密谋家是从波希米亚人中招募来的。布朗基是这个阶层的最突出的代表。19世纪，没有谁还具有他那么高的革命威望。布朗基的形象就像划过波德莱尔《献给撒旦的连祷》[①]的一道闪电。然而，波德莱尔的反叛始终是反社会分子的反叛：这是一条死胡同。他一生中唯一的性关系是与一个妓女的关系。

Ⅱ

> 他们都一样，来自同一个地狱，
> 这百岁的双胞胎。
>
> ——波德莱尔：《七个老头子》[②]

闲逛者扮演着市场守望者的角色。因此他也是人群的探索者。这个投身人群的人被人群所陶醉，同时产生一种非常特殊的幻觉：这个人自鸣得意的是，看着被人群裹挟着的过路人，他能准确地将其归类，看穿其灵魂的隐蔽之处——而这一切仅仅凭借其外表。当时流行的“生理研究”就是对这种观念的证明。巴尔扎克

---

① 参见钱春绮译本，第319—323页。——译者

② 参见钱春绮译本，第222页。译文略有不同。——译者

的作品提供了最好的例证。在过路人身上可以见到的典型性格给人们造成了一种印象,以至于人们对于由此引起的进一步的好奇心(即超越这些典型性格、捕捉每个人的特殊个性)不会感到惊讶。但是,与上述相面术士的虚幻判断力呼应,人们的梦魇就在于看到,这些独特的特征——每个人特有的特征——最终表明不过是一种新类型的构成因素。因此,归根结底,一个具有最伟大个性的人会成为一种类型的范本。这在闲逛者心中表现为一种令人痛苦的幻境。波德莱尔在《七个老头子》中有力地展开了这种幻境。这首诗描写了一个面目丑陋的老人的七重身影。这个多次重复出现的老人印证了城市居民的痛苦:尽管他们创造了最乖僻的特征,仍不能冲破类型的魔圈。波德莱尔把这个队列描写成面容"狰狞的"(地狱般的)一群。但是,他毕生所寻求的新奇不过就是这种"永远一样"的幻境。(人们可以证明这首诗表达了一个大麻吸食者的幻觉,但这丝毫没有削弱我们上面的解释。)

Ⅲ

跳进未知之国的深部去猎获新奇!

——波德莱尔:《旅行》①

理解波德莱尔寓言方式的钥匙是与商品通过价格而获得的那种特殊意谓同气相求。通过物品的意谓来贬低物品,这种独特的

① 参见钱春绮译本,第 346 页。——译者

贬低方式是17世纪寓言所特有的,与那种用物品作为商品的价格来贬低物品的独特方式,乃是异曲同工。物品遭到这种贬黜是因为它们作为商品可以被课税。这种贬黜在波德莱尔笔下是用"新奇"所具有的不可估量的价值来平衡。"时新"代表了那种绝对价值,是不能解释和比较的。它变成艺术的终极壁垒。《恶之花》的最后一首诗《旅行》这样写道:"啊,死亡,老船长,时间到了!快起锚!"[①]闲逛者的最后一次旅行:死亡。目标:新奇。新奇是一种独立于商品使用价值之外的品质。它是那种以不断翻新的时尚为载体的虚假意识的源泉。艺术的最后一道防线应该与商品的最前沿的攻击线相重合,这个事实不得不始终回避着波德莱尔。

《忧郁与理想》——在《恶之花》第一部的这个标题里——法语中一个古老的外来词与一个新的外来词联结在一起。[②] 对于波德莱尔,这两个概念彼此没有矛盾。他在忧郁中看到了理想的最新变形;理想在他看来似乎是忧郁的第一表达。在这样一个标题下,他把极端新奇的东西向读者展现为"极其古老的"东西,他把最活跃的形式赋予他的现代观。他的全部艺术理论的关键就是"现代美";而对于他来说,现代性的证据似乎就在于这一点:它被打上了"有朝一日会成为古代性(古迹)"的宿命标记,它向一切目睹它的诞生的人显露了这一标记。在这里我们遇到了意外性的本质,而它对于波德莱尔来说是美的不可转让的品质。一如美杜萨的目光对于希腊人那样,现代性的面孔用它极其古老的目光电击着我们。

---

① 参见钱春绮译本,第345页。——译者

② 理想(Ideal)是1578年借用的拉丁语词;忧郁(spleen)是1745年借用的英语词。

5. 奥斯曼与街垒

I

我崇拜善和美以及一切伟大的事物;
美好的自然启迪了伟大的艺术,
它是多么让人赏心悦目;
我爱鲜花盛开的春天:女人和玫瑰。

——奥斯曼伯爵:《一头老狮子的自白》①

奥斯曼的活动属于拿破仑三世的帝国主义的一部分。路易·拿破仑鼓励金融投资;在巴黎,投机活动达到了高潮。奥斯曼推行的拆迁征地引发了欺诈投机的浪潮。在资产阶级和奥尔良反对派的推动下,最高法院的多次裁决使奥斯曼的拆迁改建工程增加了金融风险。奥斯曼试图在巴黎实行紧急状况,以此维护他的独断专行。1864年,他在国民议会讲话时发泄了他对那些失去根柢的大城市居民的仇恨。这部分居民由于他的改建计划而不断增多。房租的上涨把无产阶级赶到了郊区。巴黎的"城区"由此失去了它

① 这是奥斯曼伯爵匿名发表的,没有注明时间和地点。

们特有的面貌。“红色地带”由此形成。奥斯曼自称是“拆毁艺术家”。他对自己的工作有一种使命感，后来在回忆录里也强调这一点。中央市场被视为奥斯曼最成功的建筑——这也是一个很有意思的征兆。人们一直说，在奥斯曼之后，“城市之岛”这个城市的摇篮只剩下一座教堂，一个公共建筑和一个兵营。雨果和梅里美提示我们，奥斯曼的改建工程在巴黎人看来是拿破仑帝国主义的一个纪念碑。这个城市的居民不再有家园感，而是开始意识到大都市的非人性质。马克西姆·迪康的鸿篇巨制《巴黎》就产生于这种醒悟意识。梅里翁的铜版画(1850年前后)成为旧巴黎的死亡面具。

奥斯曼计划的真正目的是确保这个城市能够免于内战。他希望使巴黎永远不可能再修筑街垒。怀着同样的目的，路易·菲利浦早已推行木板路面。但是，二月革命时，街垒依然发挥了重要作

巴黎公社时期的街垒

用。恩格斯研究过街垒战的战术。奥斯曼力图从两个方面来阻止这种战斗。拓宽街道将使修筑街垒成为不可能,新修的街道将使军营以最短距离通向工人住宅区。当时人们把这一举措称为“战略性美化工程”。

Ⅱ

无论是装饰的丰富多彩,

还是田园风光、建筑的魅力,

还是所有舞台布景的效果,

仅仅取决于透视法则。

——弗兰茨·伯勒:《剧场手册》(慕尼黑),第74页

奥斯曼的城市规划理想是放眼望去、视野开阔的通衢大道。这种理想是与19世纪常见的趋势相吻合,即用伪造的艺术目标来高扬技术的必要性。资产阶级的世俗统治机构和精神统治机构都发现林荫大道的形式是它们推崇的典范。在竣工之前,林荫大道被帆布遮盖起来,然后像纪念碑一样举行揭幕仪式;然后向人们展现一座教堂、一个火车站,一尊骑在马背上的雕像或者某种文明象征物。由于巴黎被奥斯曼化,人们用石头制造了幻境。尽管旨在千秋万代,但这种幻境也显示了它的脆弱性。歌剧院大道——根据当时的一种恶毒说法,它提供了一个瞭望卢浮宫看门人小屋的视点——表明这位长官的自大狂是多么没有节制。

Ⅲ

挫败他们的阴谋
啊,共和国,向这些邪恶者展现
你巨大的美杜萨面孔
四周交织着红色的闪电。

——比埃尔·杜邦:《工人之歌》

在公社期间,街垒重新矗立在街头。它比以前更坚固、更安全。它横贯林荫大道,常常有两层楼高,掩护着后面的战壕。正如《共产党宣言》结束了职业密谋家的时代,公社结束了笼罩着无产阶级早期抱负的那种幻境。它驱散了那种认为无产阶级的任务是与资产阶级携手完成 1789 年工作的错觉。这种错觉支配了从 1831 年到 1871 年,即从里昂起义到公社这整个时期。资产阶级从未有过这种误解。它从大革命时代起就开始反对无产阶级的社会权利。它的这种斗争与慈善运动交汇在一起。慈善运动掩护了它,并且在拿破仑三世统治下达到了最兴旺的时期,出现了标志性的著作:勒普莱的《欧洲工人》。

与公开的慈善立场相辅相成的是,资产阶级一直坚持隐蔽的阶级斗争立场。[①] 早在 1831 年,它就在《辩论日报》上承认:“所有的工厂主生活在自己的工厂里,就像种植园主生活在奴隶之中。”

① 很显然,这句话是对 1935 年提纲的修正。

如果说旧式的工人起义的不幸在于没有革命理论来指导他们,那么换一个角度看,正是由于没有理论,才使他们有可能发挥自发的能量和热情去着手创建一个新社会。这种热情在公社期间达到了巅峰,一度为工人阶级赢得了资产阶级的优秀分子,但也最终导致它败于资产阶级的恶劣分子之手。兰波和库尔贝站在公社一边。巴黎焚城可以说是奥斯曼的拆毁工作应得的结局。

结　　论

19 世纪的人们，我们幽灵的时辰是永远固定不变的，而且总是带我们回到同一时刻。

——奥古斯特·布朗基：《星体永恒论》
（巴黎，1872 年），第 74—75 页

在巴黎公社期间，布朗基被关在托罗要塞。正是在那里，他写下《星体永恒论》。这本书用最后一个宇宙幻境补足了这个世纪的幻境星图。他的这个幻境隐含着对其他所有幻境的极其严厉的批判。这部著作的主要部分是一个自学者的朴实思考。这些思考能够引发无情的反思，从而揭示作者革命气质的虚假。根据他从机械的自然科学中提炼的基本前提，布朗基在这部著作中提出一种宇宙观，而这种宇宙观被证明是一种地狱异象。而且，它就是那个击败了布朗基的社会的补足因素——布朗基在生命尽头被迫承认自己被那个社会击败了。这个图式的讽刺——作者本人无疑没有预料到这种讽刺——在于，他对这个社会提出的可怕控告采取了一种无条件屈服于其结果的形式。布朗基的这部著作比《查拉斯图拉如是说》早 10 年提出了"永恒回归"的思想——以几乎与尼采一样的动人方式，以极其令人梦幻的力量。

这种力量是根本不能让人取得胜利的；相反，它留下了一种被

压迫的情感。布朗基在这里竭力追溯一种进步观念:(时间久远的古代性以与时俱进的新奇性面孔阔步前进。)进步最终不过是历史本身的幻境。下面是最核心的一段论述:

> 整个宇宙是由许多星系组成的。为了创造它们,大自然只用了100个简单物体。尽管它从这些资源里获得很大的优势,而且这些资源凭借自己的丰饶性能够造就无数种组合,但是就像这些构成元素一样,结果必然是一个有限的数目。为了填充空间,大自然必须无限地重复制造最初的那些组合或类型。因此,每一个天体,无论它是什么样子,都以无限多的数目存在于时空中,不仅表现出它的每一面相,而且遍布从生到死的每一时刻……地球是这些天体中的一个。每一个人在他的存在的每一时刻都是永恒的。我在托罗要塞的这间牢房的这个时刻写下我过去和将来自始至终写的东西——在一张桌子上、用一支笔、像我现在这样裹覆着衣服,在类似的情景中。任何人都概莫能外……我们的翻版在时空中是无限之多。凭良心而言已经不能要求更多了。这些翻版都是血肉之躯——的确,穿着长裤和夹克或穿着裙子戴假发髻。他们绝不是幽灵;他们是被永恒化了的现在。但是,这里有一个很大的缺陷:没有进步可言……我们所说的“进步”仅限于每一个特殊世界,而且与这个特殊世界共同灭亡。在地球这个竞技场上,时时处处都是同样的戏剧、同样的背景、同样狭小的舞台——喧嚣的人类沉醉于自身的宏伟辉煌,相信自己就是宇宙,生活在自己的监狱里却自以为生活在某个无限的天地里,

> 仅仅指靠着在一个久远时刻、拥有自己星球的开创者。这位开创者对于人类的狂傲怀有深深的厌恶。在其他天体上也是同样的单调、同样的静止不变。宇宙无限地重复着自身,随时随地刨着脚下的地面。永恒在无限中——不动声色地——展现着同样的常规程序。

这种不抱希望的听天由命是这位伟大革命者的遗言。这个世纪不可能用新的社会秩序来响应新的技术可能性。这就是为什么这个遗言是留给处于这些幻境中心的、介于新旧之间的那些迷惘的斡旋者的。这个世界是被它自己的幻境主宰着——用波德莱尔的说法,这就是"现代性"。布朗基的视野中包含了整个以现代性为中心的宇宙,而波德莱尔的七个老头子就是这种现代性的信使。归根结底,布朗基把新奇视为被诅咒的那一切的一个属性。同样的,在此之前就有一个歌舞杂耍作品《天堂与地狱》[①]:地狱的折磨被表现为有史以来最新奇的样子,是"永恒的痛苦和永远的新奇"。19世纪的人类——布朗基面对他们说话仿佛面对着幽灵——是这个区域的原乡人。

---

① 法国画家屋大维·塔萨埃尔(Octave Tassaert,1800—1874)于1850年创作《天堂与地狱》(*Ciel et Enfer*)。以后有各种同名作品出现。——译者

波德莱尔笔下的第二帝国时期的巴黎

一个并非人类不可或缺的都城。

——瑟南古①

① 瑟南古(Etienne Pivert Senancour，1770—1846)，法国作家。——译者

一、波希米亚人

（在这份手稿的前面有两页编者说明。“第一页：这里有大约 9 页的一节文稿丢失。这一节论述了巴黎建筑愈益标准化，即奥斯曼的业绩，与波拿巴专制主义之间的关联。它还描述了报纸专栏如何试图凭借其手法变幻在沉闷的城市生活中创造出一种娱乐消遣。第二页：这里有大约 6 页的一节文稿丢失。这一节提供了不同世代的波希米亚人的简史。它概述了戈蒂耶①和奈瓦尔等纨绔波希米亚人，波德莱尔、阿塞里诺、德尔沃那一代波希米亚人，以及最近的以于勒·瓦莱斯为发言人的无产阶级化的波希米亚人。接下来是余下的完整文稿。”——原注）

在马克思的笔下，“波希米亚人”出现在一种揭示性的语境中。在 1850 年的《新莱茵报》上，马克思发表了对警方密探德·拉·渥德回忆录的详细评论。这篇评论表达了他对职业密谋家的关注。他把职业密谋家也划入波希米亚人。如果要想象波德莱尔的形象，就要说说他表现出来的与这类政治人物的相象之处。马克思

① 戈蒂耶（Théophile Gautier，1811—1872），法国诗人、小说家、剧作家。奈瓦尔（Gerard de Nerval，1808—1855），法国诗人、剧作家、散文家。阿塞里诺（Charles Asselineau，1820—1874），法国作家和善本收藏家。德尔沃（Alfred Delvau，1825—1867），法国作家。于勒·瓦莱斯（Jules Valles，1832—1885），法国作家、新闻记者，曾任巴黎公社委员。——译者

对这类人物是这样描述的："随着无产阶级密谋家组织的建立就产生了分工的必要。密谋家分为两类：一类是临时密谋家（conspirateurs d'occasion），即只是在日常工作之外参与密谋的人，他们仅仅参加集会和随时准备听候领导人的命令到达集合地点；一类是职业密谋家，他们把全部精力都花在密谋活动上，并且以此为生……这一类人的生活状况已经预先决定了他们的性格……他们的生活动荡不定，与其说出于他们的活动，不如说时常出于偶然事件；他们的生活毫无规律，只有小酒馆——密谋家的见面处——才是他们经常歇脚的地方；他们结识的人必然是各种不三不四的人，因此这就使他们沦为巴黎人所说的那种波希米亚人（la bohème）。"①

顺便应该指出，拿破仑三世本人就是在与上述情况相关的环境中崛起的。众所周知，他就任总统期间所操纵的一个工具就是"12 月 10 日协会"。按照马克思的说法，该协会的骨干就是出自"被法国人称作波希米亚人（la bohème）的那个完全不固定的不得不只身四处漂泊的人群"②。在帝国时期，拿破仑三世保持了他的密谋家习惯。惊人的公告、诡秘的勾当、突然的出击以及难以琢磨

① 马克思、恩格斯《评谢努"密谋家"及德·拉·渥德"1848 年 2 月共和国的诞生"》，《马克思恩格斯全集》，第 10 卷，人民出版社 1998 年版，第 332 页。原译文中波希米亚人译为"流浪汉"。——译者蒲鲁东想与这些职业密谋家划清界限，有时自称是一种"新人——其风格不是街垒战，而是讨论，能够每天晚上与警察局长坐在桌边，能够获得世上所有德·拉·沃德的信任。"（引自居斯塔夫·热弗鲁瓦：《囚徒》，巴黎，1897 年，第 180 页起）——原注

居斯塔夫·热弗鲁瓦（Gustave Geffroy，1855—1926），法国作家、艺术评论家。——译者

② 见马克思：《路易·波拿巴的雾月十八日》，《马克思恩格斯选集》，第 1 卷，人民出版社 1995 年版，第 635 页。原译文中波希米亚人译为浪荡游民。——译者

的反语，乃是第二帝国“国家理性”的组成部分。在波德莱尔的理论作品中也能看到同样的特点。他通常会非常断然地呈现自己的观点。讨论不是他的风格；即便是在他渐次据为己有的观点明显出现矛盾而需要讨论之时，他也避免讨论。他把自己的文章《1846 年的沙龙》献给“资产阶级”；他作为他们的辩护士出场，他的方式可不像是“魔鬼辩护士”。后来，例如，他在恶言谩骂良知学派时，他却是以最狂暴的波希米亚方式来抨击“体面的资产阶级”和受到他们尊敬的公证人。[①] 1850 年前后，他宣称，艺术不可能脱离功利；几年后，他却大谈“为艺术而艺术”。他的这些作为无异于拿破仑三世，根本不考虑让他的听众有所准备——拿破仑三世也是在一夜之间，背着法国议会，把关税保护变成自由贸易。总之，这些特点也就使人们能够理解，为什么官方批评界，尤其是于勒·勒梅特尔[②]，不觉得在波德莱尔的散文中有什么理论能量。

马克思接着这样描述职业密谋家：“在他们看来，革命的唯一条件就是他们很好地组织密谋活动……他们醉心于发明能创造革命奇迹的东西：如燃烧弹、具有魔力的破坏性器械，以及越缺乏合理根据就越神奇惊人的骚乱等，他们搞这些阴谋计划，只有一个最近的目标，这就是推翻现政府。他们极端轻视对工人进行更富理论性的关于阶级利益的教育，这说明他们对 habits noirs（黑色燕尾服）即代表运动这一方面的多少有些教养的人的憎恶并不是无产阶级的，而是平民的。但是，因为后者是党的正式代表，因此密

① 夏尔·波德莱尔：《作品集》，两卷本，巴黎，1931—1932 年，第 2 卷，第 415 页。

② 于勒·勒梅特尔（Jules Lemaitre，1853—1914），法国文学评论家和剧作家。——译者

谋家们始终不能不依赖他们。”①波德莱尔的政治见识基本上没有超越这些职业密谋家。无论对教士的反动表示同情,还是对 1848 年革命表示同情,他的表态都突如其来,其根基十分脆弱。他在 1848 年 2 月(革命)那几天的表现——在巴黎的某个街角挥舞来福枪,高呼:“打倒奥皮克将军!”(奥皮克将军是他的继父)——很能说明问题。在必要时他也能接受福楼拜的说法:“在所有的政治事务中,我只懂得一件事——造反。”我们可以根据他的一篇札记(这篇札记跟他的比利时速写一起流传了下来)的最后一段文字来理解上述意思:“我说‘革命万岁!’正如我说‘破坏万岁!忏悔万岁!惩罚万岁!死亡万岁!’我不仅乐于成为一个受难者,做一个刽子手也不会使我扫兴——这样就能从两个方面感受革命!正如我们骨子里都有梅毒,我们大家的血液里都有共和精神;我们都感染了民主和梅毒。”②

波德莱尔所表达的想法可以称作是煽动者的玄学。他是在比利时写下这个札记,但在那里他却一度被视为法国警方暗探。实际上,当时人们对类似情况并不感到陌生。1854 年 12 月 20 日,波德莱尔在给母亲的信中,提到领取警察局津贴的文人时宣称:“我的名字将绝不会出现在他们可耻的花名册上。”③波德莱尔在比利时之所以获得这种名声,可能不仅仅是由于他表现出对雨果的敌意——当时雨果在法国遭到封杀,在比利时却大受欢迎。波德莱

① 马克思、恩格斯《评谢努“密谋家”及德·拉·渥德“1848 年 2 月共和国的诞生”》,《马克思恩格斯全集》中文版(1998 年版),第 10 卷,第 334 页。——译者

② 波德莱尔:《作品集》,第 2 卷,第 728 页。

③ 波德莱尔:《给母亲的信》,巴黎,1932 年,第 83 页。

尔的具有杀伤力的反话，可能也促成了这种谣言[①]，而且他本人可能也以散布这个谣言为乐事。“大话崇拜”(culte de la blague)后来再现于乔治·索雷尔[②]的作品，最后成为法西斯宣传的一个组成要素，但其萌芽则见于波德莱尔。正是基于这种精神，塞利纳[③]写了《比起屠杀这不算什么》，而这个标题也可以直接追溯到波德莱尔的一部日记里的内容：“可以精心策划一个阴谋来根除犹太种族。”[④]布朗基主义者里戈最终成为巴黎公社的警察局长，使自己的密谋生涯达到了顶峰。他似乎也具有记述波德莱尔的文献中经常提到的那种阴森的幽默。在夏尔·普罗列的《1871年革命中的人物》中，我们读到：“里戈尽管极其冷酷，同时也一直是一个饶舌小丑。这是他狂热人格的组成部分。”[⑤]甚至马克思在那些密谋家那里见到的恐怖主义白日梦，我们也会在波德莱尔那里见到类似的东西。他在1865年12月23日写给母亲的信中说道：“如果有朝一日我重新获得曾经几次有过的那种活力和精力，我将在几本惊世骇俗的书中宣泄我的怒火，我想唤起全人类与我作对。这会给我带来快乐，也会使我对一切感到释然。”[⑥]这种被压抑的怒火乃是半个世纪的街垒战在巴黎职业密谋家心中培育出来的情绪。

马克思论述这些密谋家时写道：“正是他们筑起了第一批街

---

① 指他的暗探嫌疑。——译者

② 乔治·索雷尔(Georges Sorel，1847—1922)，法国工团主义理论家。——译者

③ 塞利纳(Celine，1894—1961)，法国作家，曾与纳粹合作。——译者

④ 波德莱尔：《作品集》，第2卷，第666页。

⑤ 夏尔·普罗列：《1871年革命中的人物》，“拉乌尔·里戈”，巴黎，1898年，第9页。

⑥ 波德莱尔：《给母亲的信》，第278页。

垒,并负责指挥它们。”[①]街垒的确是密谋运动的中心。它有自己的革命传统。七月革命时,有4000多个街垒遍布这座城市。[②] 当傅立叶为“不为报酬却有激情的劳动”寻找范例时,他发现没有比构筑街垒这一行动更明显的了。雨果在《悲惨世界》中对那些街垒做了令人难忘的描述,却忽略了聚集在那里的人群。“一个无形的警察在各处为暴动站岗放哨。它维持着秩序。它就是黑夜……那双眼睛能够俯视这些高大的阴影,可能会在这里那里见到一个模糊的光亮,这个光亮披露出那些奇异建筑的破损不齐的轮廓、外貌。在这些废墟中,有某些类似光亮的东西在移动。在这些地方矗立着街垒。”[③]在原打算作为《恶之花》结束篇的那首未完成的《致巴黎》中,波德莱尔在向这个城市告别之时非要提及它的街垒不可;他忘不了它的“神奇鹅卵石,堆积成为要塞”。[④] 这些石头当然十分“神奇”,因为波德莱尔的诗丝毫没有提及搬动它们的手。但是这种情绪可能源于布朗基主义,因为布朗基主义者特里东也呼喊出类似的情绪:“哦,暴力,街垒的女王,你与闪电和暴动交相辉映……囚徒们向你伸出戴着镣铐的双手。”[⑤]在巴黎公社的尾

① 马克思、恩格斯:《评谢努“密谋家”及德·拉·渥德“1848年2月共和国的诞生”》,《马克思恩格斯全集》中文版(1998年版),第10卷,第333页。——译者

② 见阿加松·德·格兰德萨涅,莫里斯·普劳:《1830年革命》,“7月27、28、29日巴黎战斗图”。

③ 参见雨果:《悲惨世界》,李丹译,人民文学出版社,1980年,第4部,第13卷,第2章,第1391页。——译者

④ 波德莱尔:《作品集》,第1卷,第229页。

⑤ 转引自夏尔·贝努瓦:“工人阶级的‘神话’”,《两世界评论》,1914年3月1日,第105页。——原注

特里东(1841—1871),新闻记者,巴黎公社委员。——译者

声，无产阶级在街垒背后摸索自己的道路，犹如受了致命伤的野兽退缩到自己的巢穴。一直习惯于街垒战的工人，不喜欢用正面的战斗来阻截梯也尔。这也是公社失败的一个原因。正如最近一位研究巴黎公社的历史学家所说，这些工人“宁可在自己的街区战斗，也不愿意在开阔地带对抗……如果必须这样战斗，他们宁可战死在用巴黎街道上的鹅卵石构筑的街垒后面”。[①]

在那些日子里，最重要的巴黎街垒战领袖布朗基正被关在他一生坐过的最后一个监狱托罗要塞里。马克思在评论七月革命时，把布朗基及其战友视为“无产阶级政党的真正领袖”。[②] 对于布朗基在那个时期乃至到他去世时所享有的革命威望，怎样估计都不会过分。在列宁之前，没有比这个无产者更鲜明的形象了。他的形象铭刻在波德莱尔的脑海中。在他留下的一张纸上，在一片涂鸦中有一幅布朗基的头像。

马克思在刻画巴黎的密谋环境时所使用的那些概念，凸显了布朗基在那种环境中的矛盾立场。把布朗基视为暴动派的传统观点是有充分理由的。按照这种观点，他代表了一种政治家类型，即马克思所说的，认为自己的任务是“使革命发展的进程提前发生，人为地制造革命危机，使革命成为毫不

布朗基

① 乔治·拉龙泽：《1871年巴黎公社史》，巴黎，1928年，第532页。

② 马克思：《路易·波拿巴的雾月十八日》，《马克思恩格斯选集》中文版(1995年版)，第1卷，第591页。——译者

具备革命条件的即兴之作”。[①] 但是,与这种观点相对立的,是对布朗基的另外一种描写:他似乎像是那些黑色燕尾服先生中的一位,是这些职业密谋者所讨厌的竞争者。一位目击者对布朗基的“中央共和社”做了这样的描述:“如果谁想准确地了解布朗基的革命俱乐部与秩序党当时的两个俱乐部相比给人的第一印象,他就可以想象一下,一边是法兰西喜剧院的观众在观看拉辛和高乃依的剧作,另一边是杂技场里的人群,观看杂技演员表演惊人的把戏。它就像一个恪守正统的密谋仪式的小教堂。大门向一切人开放,但只有信徒才会再来。在这些俯首帖耳者的乏味仪式完成之后……这个地方的牧师站了出来。他的借口是,他要概述他的委托人即人民的冤情,所谓人民是由刚刚听说的五六个暴跳如雷和放肆的傻子代表的。实际上他在做形势分析。他的外貌不同凡响,他的服装无可挑剔。他相貌堂堂,面部表情沉稳。只是他的眼睛有时闪露狂野,预示着某种麻烦;他眯缝着锐利的小眼睛,通常显得温和而不严厉。他说话稳重、慈祥、清晰——最接近于梯也尔的演讲风格,梯也尔是我所听过的最不夸夸其谈的演说家。”[②]在这份描述中,布朗基就像一个教条主义者。对这位黑色燕尾服先生的描述细致入微。众所周知,这位“老人”习惯于在演讲时戴着黑手套。[③] 但是,布朗基独具的举止严肃和深不可测,在马克思的

① 马克思、恩格斯:《评谢努“密谋家”及德·拉·渥德“1848年2月共和国的诞生”》,《马克思恩格斯全集》中文版(1998年版),第10卷,第333页。——译者

② 韦斯的报道,转引自居斯塔夫·热弗鲁瓦:《囚徒》,巴黎,1897年,第346页。

③ 波德莱尔很欣赏这种细节。他写道:“为什么穷人在乞讨时不戴上手套呢?手套会给他们带来好运。”(第2卷,第424页)他把这句话的来源说成是某个匿名者,其实这句话带有波德莱尔的印记。

表述中则完全是另一个样子。马克思在描述这些职业密谋家时写道:“他们是革命的炼金术士,完全继承了昔日炼金术士固定观念中那些混乱思想和偏见。”①这几乎很自然地让人联想到波德莱尔的形象:一方面是玄妙的寓言家,另一方面是神神叨叨的密谋者。

可想而知,对于那些低级密谋家感到十分自在的小酒馆,马克思是不以为然的。但是,波德莱尔熟悉那里迷漫的酒气。著名的诗篇《拾垃圾者的酒》正是在那里酝酿成熟的;它可能就是在那个世纪中期出现的。当时,人们正在公开讨论这首诗中涉及的一些问题。其中一个话题就是葡萄酒税。就像1830年曾经发生的情况一样,(第二)共和国的制宪议会也承诺取消这项赋税。在《法兰西阶级斗争》中,马克思表明,在废除这项赋税的问题上,城市无产阶级的要求是如何与农民的要求重合一致。这项赋税对最普通的酒和最名贵的酒实行同样高的税率,“使人口在四千人以上的城镇都在城门口设立税卡,使每一个这样的城镇都变成用保护关税抵制法国酒的异邦”,这样就减少了酒的消费量。马克思写道:“农民根据葡萄酒税鉴别了政府的气味。”②但是这项赋税也损害城市居民,迫使他们到城外酒馆去寻找便宜的葡萄酒。那里有一种被称作“城关酒”的免税酒。按照警察局的一个科长H. A. 弗雷吉耶尔的说法,工人是怀着自豪与挑衅的心情来炫耀自己对这种酒的享用,因为这是他们能够获得的唯一享受。“女人们带着那些已经

---

① 马克思和恩格斯:《评谢努“密谋家”及德·拉·渥德“1848年2月共和国的诞生”》,《马克思恩格斯全集》中文版(1998年版),第10卷,第334页。——译者

② 马克思:《法兰西阶级斗争》,《马克思恩格斯选集》中文版(1995年版),第1卷,第453—454页。——译者

能够干活的孩子,毫不犹豫地跟随着她们的丈夫来到城关……他们喝得半醉后往家走,却做出酩酊大醉的样子,要让所有的人都注意到他们喝了不少酒。有时孩子也学父母的样子。”①当时就有观察者写道:“有一点是可以肯定的,即‘城关酒’使政府体制免除了一些冲击。”②葡萄酒让被剥夺者沉浸于未来的复仇、未来的荣耀的美梦中。《拾垃圾者的酒》就反映了这种情况:

常看到一个拾垃圾者,摇晃着脑袋,
碰撞着墙壁,像诗人似的踉跄走来,
他对于暗探们及其爪牙毫不在意,
把他心中的宏伟意图吐露无遗。

他发出伟大的誓言,颁布崇高的法律,
要把坏人打倒,要救助受害者的事业;
在那像华盖一样高悬的苍穹之下,
他陶醉于自己大智大勇的气概。③

当新的工业技术使得废弃物具有了某种价值的时候,拾垃圾

① H. A. 弗雷吉耶尔(Honore-Antoine Fregier):《大城市居民中的危险阶级和改善手段》,巴黎,1840年,第1卷,第86页。

② 爱德华·福科(Edouard Foucaud):《巴黎的发明家:法国工业的生理研究》,巴黎,1844年,第10页。

③ 波德莱尔:《拾垃圾者的酒》,载《恶之花》,钱春绮译,第263—264页。译文略有不同。郭宏安将这首诗的标题译为《醉酒的拾破烂者》。见郭译《恶之花》,广西师范大学出版社2002年版。——译者

者就在城市中大量出现了。他们为中间人干活，组成了某种街头的"茅舍工业"。拾垃圾者的出现使那个时代感到惊骇。第一批贫困问题研究者的目光就落在他们身上。这就提出了一个闷在人们心头的问题：人间苦难何处是头？弗雷吉耶尔在《危险阶级》一书中用六页篇幅论述拾垃圾者。勒普莱[1]计算了巴黎一个拾垃圾者及其全家在1849年到1850年这段时间的收支情况。大概就是在那段时间，波德莱尔写下这首诗。[2]

拾垃圾者当然不属于波希米亚人。但是，从文学家到职业密谋家，凡被算作波希米亚人的，都能在拾垃圾者身上看到自己的影子。每个人都多多少少模糊地反抗着社会，面对着飘忽不定的未

① 勒普莱(Frederic Le Play，1806—1882)，法国采矿工程师、社会学家，著有《欧洲工人》、《法国的社会改革》等。——译者

② 这份收支表是一份社会文献，不仅因为它是对一个特殊家庭的调查，而且因为它通过整齐的分类使得悲惨的苦难显得不那么讨厌了。极权国家的一个宗旨是，绝不让任何不人道的苦难被法律条文所遗漏，让它们显示法律的贯彻。正如人们所推测的，极权国家的所作所为不过是使资本主义早期就已经出现的种子开花结果了。这个拾垃圾者的收支表的第四项——文化需求、娱乐和卫生——是这样的："孩子的教育，学费由雇主付，48法郎；购书费，1.45法郎。慈善捐款(这个阶层的工人通常不捐款)。节假日——全家在巴黎的一个城关吃饭(一年八次)：葡萄酒、面包和烤土豆，8法郎；饮食是用黄油和奶酪拌的通心粉，在过圣诞节、忏悔节、复活节和降灵节时增加葡萄酒：这些花销列在第一项里。丈夫嚼的烟草(这个工人自己捡雪茄烟蒂)是5到34法郎。妻子吸的鼻烟(购买)是18.66法郎。玩具和其他给小孩的礼物，1法郎。与亲属通信：这个工人的兄弟都在意大利，平均每年来一封信……""附录。一旦有天灾人祸，这个家庭最重要的依靠就是私人慈善事业……""年度结余(这个工人没有任何储备。他最关心的是让他的妻子和小女儿在现有条件下过得舒适；他没有任何节余，每天挣了就花)。"(勒普莱：《欧洲工人》，巴黎，1855年，第274页起)布雷所做的一个讽刺性评论可以说明这种调查的基本精神："因为人的恻隐之心，甚至仅仅为了面子，也不允许眼睁睁地看着人像野兽那样死掉，人们不能拒绝施舍给他们一口棺材。"(欧仁·布雷：《英、法工人阶级的苦难》，巴黎，1840年，第1卷，第266页)

来。在适当的时候,他能够与那些正在撼动这个社会根基的人产生共鸣。拾垃圾者在他的梦中并非形只影单。他有许多同志伴随左右。他们也被酒桶的气味熏染着,他们也在战斗中老去。他的胡子如一面破旧的旗子散乱低垂。他在自己的地面上时时遭遇警方密探,而他在梦中则幻想着对他们颐指气使。①

巴黎日常生活中的社会主题早已出现在圣伯甫的作品中。他的抒情诗已经捕捉到它们,但不一定理解它们。贫困和酗酒已经在这位悠闲的文化人头脑中结合在一起,但是与波德莱尔头脑中的结合方式迥然不同:

---

① 令人感兴趣的是,在这首诗前后几个版本的结尾中,反叛观念是如何逐渐凸显出来的。第一版是这样的:

因此,美酒因其嘉惠而大行其道,
歌声从人们的喉咙中迸发出来,
万物称颂的他的仁慈是多么伟大,
是他给了我们甜蜜的睡梦
是他还愿意用美酒这个太阳之子
来温暖在默默中等死的
所有人的心灵和宽慰他们的痛苦。

1852年的版本是这样的:

对所有在默默中等死的老实人
宽慰他们的心灵,解脱他们的痛苦
上帝已经给了他们甜蜜的睡梦
他还给了他们美酒这个太阳圣子。

1857年的定稿表现了诗意的根本变化:

为了对一切默默等死的受难者
安慰他们的倦怠,消弭他们的怨恨
内疚的上帝想出了睡眠的法子,
人类自己又添上美酒这个太阳圣子。

可以清晰地看出,只有当内容变得亵渎神灵时,这节诗才获得了确定的形式。

坐在这个上等马车里，我打量着
这个给我驾车的人。他无异于一台机器，
面目丑陋，胡子浓密，头发很长还粘的打结。
恶习、酗酒、嗜睡使他醉眼低垂。

人类怎么会如此堕落？我一边想着，
一边把身子退缩到座位的另一个角落。[1]

这是一首诗的开篇，接下来是一个道德说教的解释。圣伯甫自问，他的灵魂是否像他的车夫的灵魂一样堕落了？

题为《亚伯和该隐》的那首双联诗表明波德莱尔为什么对被剥夺者怀有更自由也更合乎情理的看法。它把《圣经》中两兄弟之间的较量转化成两个不共戴天的种族之间的斗争。

亚伯的后代，饮酒和睡觉；
上帝对你们赞许地微笑。

该隐的后代，陷在污浊之中
在地上爬行，悲惨地死去。[2]

这首诗由16个对句组成，每一句的开头都是一样的。该隐这

① 夏尔-奥古斯丁·圣伯甫：《慰藉·8月随想》，巴黎，1863年，第193页。
② 见钱春绮译本，第316页。——译者

个被剥夺者的先祖被表现成一个种族的始祖,这个种族不是别的什么,就是无产阶级。1838年,格拉尼埃·德·卡萨尼亚克发表了《工人阶级和资产阶级的历史》。这部著作宣称它确定了无产阶级的起源。书中说无产阶级是由盗贼和妓女杂交而生成的一个低等人类阶级。波德莱尔是否知道这些观点呢?非常可能。可以确定的是,马克思接触到了这些观点,因为他曾经把格拉尼埃·德·卡萨尼亚克说成是波拿巴主义反动派的"思想家"。《资本论》反击这种种族理论,提出了"特殊的商品所有者种族"的概念,[①]以此指代无产阶级。该隐的后代也是在这种意义上出现在波德莱尔的作品中,尽管他不能对之做出明确的界定。这个种族所拥有的不是商品,而是他们自身的劳动力。

波德莱尔的这首诗是组诗《造反者》的一部分。[②] 它的三个组成部分都带有亵渎神灵的基调。[③] 我们对波德莱尔的撒旦主义不

---

① 马克思:《资本论》,第1卷,第4章。

② 这个标题后有一题记,后来的版本把这个题记删去了。这个题记宣称,这组诗不过是"无知与愤怒的诡辩"在文学上的复制品。实际上,它根本不是复制品。第二帝国的国家检察官们心里很清楚,他们的后继者也很清楚。塞耶在对《造反者》组诗的第一首进行解释时,冷冷地指出这一点。这首诗的标题是《圣彼得的拒绝》,其中有这样的句子:

你是否梦想过那些日子……

那时你竭尽全力挥动你的皮鞭,
卑鄙的商人在你面前颤抖:
那时你一度成为主人?悔恨
是否比刺刀还锐利地刺入你的身体?

在这种悔恨中,挖苦的解释者看到"因错失了建立无产阶级专政的良机"而自责。(欧内斯特·塞耶:《波德莱尔》,巴黎,1931年,第193页)

③ 《造反者》包括3首诗《圣彼得的否认》、《亚伯和该隐》和《献给撒旦的连祷》。——译者

要太当回事。如果说它有某种意义的话，它似乎是波德莱尔唯一能够选择的态度，使他在任何时候都能保持一种异端的立场。这组诗的最后一首是《献给撒旦的连祷》，就其神学内容而言，是一首拜蛇仪式的祈求祷文。撒旦带着他的魔鬼光环出场，俨然是深刻智慧的监护人、普罗米修斯技能的训练师、桀骜不驯者的庇护神。字里行间闪现着布朗基的阴郁头像。

> 你给了受刑者那种平静而高傲的目光，
> 诅咒着围绕在断头台前的那些人群。①

这个撒旦——这首连祷诗也把他当作"密谋者……的忏悔神甫"——不同于那个地狱阴谋家。那个在他诗中被称作"三倍伟大的撒旦"②的魔鬼，在他的一些散文中是作为至尊者出现的，他的地府与林荫大道毗邻。勒梅特尔指出这种二元分立的关系：这就造成了魔鬼"开始是万恶之源，然后又成为伟大的失败者，伟大的受难者"。③ 这是用一种完全不同的观点来看待有人可能提出的问题：是什么推动波德莱尔采用了一种激进神学的形式来表达自己对当权者的决绝态度。

在无产阶级的六月战斗失败以后，对资产阶级的秩序与尊严观念的抗议，更多地是由统治阶级而不是由被压迫阶级延续着。

---

① 参见钱春绮译本，第320页。——译者

② 三倍伟大的撒旦是古代希腊人对埃及大神托特的尊称。后者是智慧、学问、魔术、炼金术之神。——译者

③ 于勒·勒梅特尔：《当代人，第4系列》，巴黎，1895年，第30页。

自由与正义的拥护者在拿破仑三世身上看到的，不是他本人想步其伯父后尘而成为的那种军人国王，而是一个受到命运眷顾而踌躇满志的人。在雨果的《惩罚》中所保存下来的正是他的这一面形象。但是，“纨绔波希米亚人”从拿破仑三世的奢华宴会以及围绕着他的那些朝臣那里看到了他们所梦想的“自由生活”的实现。维埃尔-卡斯泰尔伯爵在回忆录里描述了这位皇帝的周围环境。这部回忆录使像咪咪和舒奥纳尔这样的人相形之下显得既令人尊敬，又俗不可耐。[①] 在上流社会，犬儒主义成为时尚的一部分。在下层社会，叛逆的理性思考成了模范典型。维尼[②]在《埃洛亚·天使姊妹》中继承拜伦的传统，在一种神秘认知的意义上，向路济弗尔[③]这位堕落天使致敬。巴泰勒米[④]则在他的《复仇女神》中把撒旦崇拜与统治阶级联系在一起。在他的笔下，人们举行祈祷银行利息的弥撒，吟咏赞颂年金的圣歌。[⑤] 波德莱尔对撒旦的这种两面性极其熟悉。在他看来，撒旦不仅为上流社会说话，也替下层阶级说话。马克思《路易·波拿巴的雾月18日》中的这段文字几乎很难找到比波德莱尔更好的读者了：“当清教徒在康斯坦茨宗教会

---

① 咪咪和舒奥纳尔是普契尼作曲的歌剧《波希米亚人》(又译《艺术家的生涯》)中的人物。——译者

② 维尼(Vigny，1797—1863)，法国浪漫主义诗人。《埃洛亚》写于1823年。——译者

③ 路济弗尔，在基督教里是撒旦堕落前的名字。见《旧约·以赛亚书》14章12节。——译者

④ 巴泰勒米(Auguste Marseille Barthelemy，1796—1867)，法国讽刺诗人，曾经因攻击七月王朝而一度被取消年金。——译者

⑤ 巴泰勒米：《复仇女神，讽刺周报》，第1卷，巴黎，1834年，第225页。(“主教区与交易所”)

议上控诉教皇生活的淫乱时……红衣主教比埃尔·德·阿伊向他们大声喝道：‘现在只有化身魔鬼还能拯救天主教会，而你们却要求天使。’法国资产阶级在政变后也同样高声嚷道：‘现在只有12月10日会的头目还能拯救资产阶级社会！只有盗贼还能拯救财产，只有假誓还能拯救宗教，只有私生子还能拯救家庭，只有无秩序还能拯救秩序。’”①即便在造反的时候，波德莱尔这位耶稣会的敬慕者也不想完全彻底摈弃这个救世主。他的诗歌保留了他的散文不曾排斥的东西；这就是为什么撒旦会出现在它们里面的原因。由于撒旦的缘故，这些诗句具有某种微妙的力量，让人哪怕在绝望地呼喊时也不会完全放弃对撒旦的追随，即便这与人的理智和人性发生冲突。出自波德莱尔笔下的虔诚自白几乎总是像战斗的呐喊。他不会放弃他的撒旦。波德莱尔不得不与自己的无信仰进行斗争，而他自己是真正的赌注。圣礼和祈祷都无所谓，要紧的是恶魔的特权，即对让人迷恋的撒旦肆意咒骂的特权。

波德莱尔想用他与比埃尔·杜邦②的友谊来表明自己是一个社会诗人。道勒维③的评论中有一篇是对这位作家的勾画：“在这个天才的精神里，该隐胜过文雅的亚伯——粗鲁、饥饿、嫉妒、狂野的该隐来到城市，为的是排解他们心中积聚的仇恨，分享虚假的观念来体验他们在那里的胜利。”④这种刻画准确地表达了那种造成

① 马克思：《路易·波拿巴的雾月十八日》，《马克思恩格斯选集》中文版（1995年版），第1卷，第685页。——译者

② 比埃尔·杜邦（Pierre Dupont，1821—1870），法国歌曲作者，出生于里昂的一个铁匠家庭。——译者

③ 道勒维（Jules Barbey d'Aurevilly，1808—1889），法国作家。——译者

④ 道勒维：《19世纪。作品与人》，第1卷，第3部分《诗人》，巴黎，1862年，第242页。

波德莱尔与杜邦同病相怜的原因。与该隐一样，杜邦离开田园风光，“来到城市”。“他与我们父辈所想象的诗歌……甚至与最纯朴的叙事歌谣都毫不沾边。”[①]杜邦意识到，随着城乡差异的扩大，抒情诗的危机日益迫近。他在一首诗里就很忐忑地承认了这一点；杜邦说，诗人“竖起耳朵一会儿倾听森林，一会儿倾听大众”。他对大众的关注得到了回报；1848 年前后，杜邦已经闻名遐迩。当(1848 年)革命的成果接连丧失之后，杜邦写了《选举之歌》。当时的政治文学几乎没有能够与其诗句相媲美的。马克思主张向“脸色严峻阴沉”的六月战士献上一顶桂冠[②]，而这些诗句可以说是其中的一片叶子。

挫败他们的阴谋
啊，共和国，向这些邪恶者展现
你巨大的美杜萨面孔
四周交织着红色的闪电。[③]

1851 年，波德莱尔为杜邦一本诗集写的前言是一个文学策略行动。我们从中可以看到一个令人瞩目的论断：“为艺术而艺术流派的幼稚乌托邦排斥了道德，甚至还常常排斥激情，这就必

① 比埃尔·拉鲁斯：《19 世纪大词典》，第 6 卷，巴黎，1870 年，第 1413 页(“杜邦”条)。

② 马克思：《六月革命》，《马克思恩格斯全集》，第 5 卷，人民出版社 1958 年版，第 157 页。——译者

③ 比埃尔·杜邦：《选举之歌》，巴黎，1850 年。

定会使之无所成就。”他接着明显地暗指奥古斯特·巴比埃[①]说：“当一个诗人除了偶尔失当外，几乎一直表现得十分伟大，用火热的语言宣告1830年起义的神圣性，咏叹英格兰和爱尔兰的苦难时……问题就一劳永逸地解决了，从此艺术与道德、功利这后二者就密不可分了。”[②]这里丝毫没有涉及使波德莱尔本人的诗歌具有生气的那种深刻的二重性。他的诗歌支持被压迫者，既拥护他们的事业，也赞许他们的幻觉。它既倾听革命之歌，也聆听死刑鼓乐发出的“苍天的声音”。当波拿巴通过政变取得权力时，波德莱尔愤慨异常。“当时他从‘天命的角度’看待各种事件，他变得像一个修士。”[③]对于他来说，“神权政治与共产主义”[④]不是信念，而是两个相互争夺他的注意力的暗示。与他有时所想象的不同，一个不是天使，另一个也不是魔鬼。没过多久，波德莱尔就抛弃了他的革命宣言。几年后他写道：“杜邦最初的诗作得益于他天性中的优雅和女性般的纤细。幸运的是，在那些日子里几乎席卷了所有人的革命活动并没有使他完全偏离自己的天性轨道。”[⑤]波德莱尔与“为艺术而艺术”的突然决裂，对于他本人来说，其价值不过是一种姿态。这使他可以宣布自己作为文人有一个任意驰骋的空间。在这一点上，他走在了同时代作家（包括最伟大的作家在内）的前面。这也表明他在什么

① 巴比埃（Auguste Barbier，1805—1882），法国剧作家、诗人。——译者

② 波德莱尔：《作品集》，第2卷，第403页。

③ 保罗·德雅尔丹：“夏尔·波德莱尔”，《蓝色杂志》，巴黎，1887年，第19页。

④ 波德莱尔：《作品集》，第2卷，第659页。

⑤ 波德莱尔：《作品集》，第2卷，第555页。

方面优于周围的文学活动。

在一个半世纪的时间里,当代文学活动是围绕着期刊展开的。到19世纪30年代末,形势开始发生变化。日报的专栏[①]给美文提供了市场。这种文化栏目的出现,集中体现了七月革命给新闻业带来的变化。在复辟时期,报纸不能零售,人们只能订阅。那些付不起80法郎高价来订阅一年报纸的人只能去咖啡馆,那里经常有一些人围在一起读一份报纸。1824年,巴黎有47000报纸订户;1836年有70000订户;1846年有200000订户。吉拉丹[②]的《新闻报》对这种发展起了决定性作用。它引进了三项重大革新:把年度订阅费降低到40法郎,刊登广告以及连载小说。同时,短小醒目的新闻栏目开始抢了详细报道的风头。这些新闻栏目之所以大行其道,是因为它们能用于商业宣传。所谓的"广告"为它们开了路。这种"广告"表面上是毫无利益纠葛的独立告示。其实它是由一个出版商付费后刊登在报纸的编辑栏目上的通告,用来提示头一天或同一期报纸某个广告所宣传的一本书。早在1839年,圣伯甫就抱怨这种广告起了败坏道德的作用:"它们怎么能(在一篇批评中)指责一种产品,而又在下面不到两寸的地方把它说成是时代的奇迹?广告使用越来越大的字体,喧宾夺主;它们成了一个搅乱罗盘的磁山。"[③]这种广告只是某种开端,后来变成刊登在杂志上、由利益当事人付费的股票交易通告。撇开新闻业的腐败史,几乎就不可能写出一部信息史。

---

① 本书中的专栏(feuilleton)是指当时报纸下半面开设的版面。——译者

② 吉拉丹(Emile Girardin,1802或1806—1881),法国新闻工作者。——译者

③ 圣伯甫:"工业文学",《两世界评论》,1839年,第682页。

这些信息条目只需要很小的空间。是它们,而不是政治性社论或连载小说,使报纸每天都有不同的面貌。这些信息版面的编排灵活多变,已成为报纸吸引力的一个因素。这些条目必须经常补充。市井闲话、风流韵事和"值得知道的事情"是它们最受欢迎的资源。它们固有的穷拽从一开始就很明显,而且变成专栏的特征。在《巴黎书简》中,吉拉丹夫人在欢迎摄影术的发明时写道:"现在达盖尔先生的发明引起了极大的关注,最可笑的莫过于我们那些沙龙学者一本正经地对它进行阐释了。达盖尔先生无须担心;没有人想偷走他的秘密……诚然,他的发明太棒了;但是人们不理解它,现在关于它的解释太多了。"①专栏文体不是马上就被人接受,也不是到处都能被人接受。1860 年和 1868 年,加斯通·德·弗洛特男爵写的两卷本《巴黎的杂志》先后在马赛和巴黎问世。该书的宗旨是抨击在传播历史信息方面的不严谨态度,尤其是巴黎报刊的专栏在这方面的问题。这种新闻填料出自咖啡馆,出自酒酣之时。"喝开胃酒的风尚……是从(巴黎)林荫大道新闻界开始兴起的。在只有大型的严肃报纸时……没有'鸡尾酒时间'这一说。鸡尾酒时间是'巴黎作息时间表'和市井闲话这二者合乎逻辑的产物。"②还在新闻业的机制充分发展起来之前,咖啡馆生活就使得编辑们习惯了新闻业的节奏。当第二帝国末期电报开始使用后,那些林荫大道就丧失了它们的垄断地位。各种灾难和犯罪新闻现在能够从世界各地传送过来了。

---

① 吉拉丹夫人:《全集》,第 4 卷:《巴黎书简,1836—1840 年》,巴黎,1860 年,第 289 页。

② 加布里埃尔·吉耶莫:《波希米亚人》,巴黎,1868 年,第 72 页。

文人是在林荫大道上融入他所生活的社会的。他在林荫大道随时准备着听到又一个突发事件、又一句俏皮话、又一个传言。在那里他建立了与同行、社交界的关系网,而且他十分依赖这些关系网带来的结果,就像妓女依赖她们的乔装打扮。[①] 他在林荫大道消磨时间,他向人们展示这是他的工作时间的一部分。他的表现就仿佛他从马克思那里学到了一个道理:商品的价值是由生产它的社会必要劳动时间决定的。这种一段又一段的懒散时间拖得很长,但在公众心目中,这是实现他的劳动力所必需的。由此,它的价值大得几乎令人难以置信。不仅仅公众这样高度评估,当时专栏文章的高稿酬也表明,这样的评估是有社会依据的。实际上,一方面是订报费用降低,另一方面是广告增加、专栏的重要性上升。二者是相辅相成的。

"鉴于这种新的调整(订费下降),报纸必须依靠广告收入才能生存……为了获得许多广告,已经变成广告栏的那四分之一版面必须让尽可能多的订阅者看到。这就必然有一个诱惑,即面向所有人,而不顾及他们的个别意见,并且用好奇心来取代政治……一旦有了40法郎订费这个起点,从广告到连载小说的进展几乎不可避免。"[②]这个事实解释了为什么对这种稿件支付高稿酬的原因。1845年,大仲马与《立宪派报》和《新闻报》签订了一份合同。根据

① "无须十分敏锐就能辨认出,那个在8点钟见到的穿着奢华的姑娘就是那个在9点钟出现的女店员,在10点钟出现的农村姑娘。"(F. F. A. 贝劳:《巴黎的妓女和管辖她们的警察》,巴黎-莱比锡,1839年,第1卷,第51页)

② 阿尔弗雷德·内特芒:《七月政府统治下的法国文学史》,巴黎,1859年,第1卷,第301页。

大仲马

这份合同,他每年至少提供18卷作品,每年最少获得63000法郎的稿酬。[①] 欧仁·苏因《巴黎的秘密》一书收到10万法郎预付款。在1838年到1851年期间,拉马丁获得的稿费估计为500万法郎。他的《吉伦特派历史》一书最初由专栏连载。他因此书获得稿费60万法郎。对这种日用文学商品慷慨付酬,必然导致各种弊病。当出版人获得了手稿后,他们会保留这样的权利,即他们选用别的作家的名字出版。这是因为有些成功的小说家不太在乎被人冒

① 参见S.夏莱蒂:"七月王朝",载于欧内斯特·拉维斯:《从大革命到1919年和约的现代法国史》,巴黎,1921—1922年,第4卷,第352页。

名。这方面的情况可以参见一部谴责作品《小说工厂：大仲马商号》。[1] 当时，《两世界评论》评论说："有谁知道大仲马先生所有作品的名称？他自己数得上来吗？除非他保留着一本收支分类账，否则他肯定会忘记一些合法子女、私生子女和收养的子女。"[2]据说，大仲马在他的第一层住宅雇佣了一大批穷作家。迟至1855年，即上述评论发表10年后，一份波希米亚人的小刊物描述了一个成功的小说家的一个生动的日常生活场面，这个小说家被称作德·桑克蒂："桑克蒂一回到家，就小心地插好门闩……然后打开隐藏在他的书堆后的小门。他进入一个十分肮脏、光线昏暗的小屋。里面坐着一个人，头发蓬乱，脸色阴沉却又谄媚，手执一管长长的鹅毛笔。从远处就能看出他是一个生就的小说家，尽管他从前仅仅是一个小公务员，只是通过读《立宪派报》学到巴尔扎克的手法。他是《骷髅室》的真正作者。他确实是一个小说家。"[3]在第二共和国时期，议会想遏制专栏的泛滥，规定对连载小说每期征税1生丁。不久，这个规定就被反动的出版法规废除了。新的法规限制言论自由，从而抬高了专栏的价值。

专栏的高稿酬与专栏有广大的市场密切相关。二者结合起来

---

① 这本小册子是1845年在巴黎出版的，宣称大仲马的大部分作品都是别人写的。——译者

② 保兰·利迈拉克："流行小说和我们的小说家"，《两世界评论》，1845年，第953页。

③ 保罗·索尔尼埃："小说和现代小说家"，《波希米亚人》，1855年，第一期，第3页。"幽灵作家"当时不仅仅限于写连载小说。斯克里布就雇佣了一些匿名合作者来为他的剧本写台词。——原注

斯克里布(Augustin Eugene Scribe, 1791—1861)，法国剧作家，创作了300多部喜剧。——译者

有助于专栏作家获得很大的名声。人们当然会利用自己的名声和财力来谋求更多的好处;政治前程也几乎自动地在他们面前展开。这就导致了新的腐败方式。新的腐败方式所造成的后果比滥用著名作家的名字还严重。一旦某个作家的政治野心被唤起,政府自然要告诉他正确的道路。1846 年,殖民地大臣萨尔万第邀请大仲马到突尼斯公费旅游,估计花费 1 万法郎,目的是宣传殖民地。这次出行并不成功,花销不小,结果只是在众议院举行一个小型听证会。欧仁·苏更幸运一些。凭借着《巴黎的秘密》的成功,他不仅使《立宪派报》的订数从 3600 份增加到 20000 份,而且他在 1850 年靠着 13 万巴黎工人的选票当选为议员。无产阶级选民并没有从中获得多少好处。马克思把他的当选称作是对先前赢得的席位的一个“感伤主义的注释”。[①] 如果说文学能够让某种政治前程眷顾作家的话,那么这种政治经历反过来也会被用于对他们的作品进行一种批判性评估。拉马丁就是最好的例子。

拉马丁最成功的作品《沉思录》和《和谐集》回溯了法国农民还能享受自己劳动成果的时代。在那首致阿尔方斯·卡尔的质朴诗歌里,诗人把自己的创造力与葡萄种植者相提并论:

> 每个人都能骄傲地出售自己的汗水!
> 我出售我的葡萄就像你出售你的鲜花,
> 多么快乐,当我的脚踩着葡萄,

---

① 马克思:《路易·波拿巴的雾月十八日》,《马克思恩格斯选集》中文版(1995 年版),第 1 卷,第 630 页。——译者

玉液如同琥珀流入许多酒桶,
为主人而生产,浸润了主人的品质,
大笔的黄金换取大笔的自由。[①]

在这些诗句里,拉马丁赞美自己的成功犹如乡村的丰饶,炫耀自己的作品在市场上所换来的收入。如果不是从道德的角度来读这首诗,[②]而是把它看作拉马丁阶级感情的表达——拥有小块土地的农民的感情——那么这首诗是能够说明一些问题的。它是拉马丁诗歌创作史的一部分。19世纪40年代,拥有小块土地的农民的状况已经严重恶化。他们负债累累,他们的小块土地"已不是躺在所谓的祖国中,而是存放在抵押账簿中了"。[③] 这意味着乡村乐观主义的衰落,而这种乡村乐观主义是拉马丁诗歌特有的理想化自然观的基础。"如果说刚刚出现的小块土地由于它和社会相协调,由于它处在依赖自然力的地位并且对保护它的最高权力采取顺从态度,因而自然是相信宗教的,那么债台高筑,和社会及政权脱离并且被迫越出自己的有限范围的小块土地自然要变成反宗教的了。苍天是刚才获得的小块土地的不坏的附加物,何况它还

① 见阿尔方斯·德·拉马丁:"致阿尔方斯·卡尔",《诗集》,居雅尔编,巴黎,1963年,第1506页。

② 一个极端君主派分子路易·弗约在给拉马丁的公开信中写道:"你怎么会真的不知道'成为自由人'实际上意味着蔑视金银?而且,为了获得用黄金买来的自由,你生产你的作品所采取的是与你生产蔬菜或葡萄酒同样的商业方式!"(路易·弗约:《文选》,阿尔巴拉编,里昂,1906年,第31页)

③ 马克思:《路易·波拿巴的雾月十八日》,《马克思恩格斯选集》中文版(1995年版),第1卷,第683页。——译者

创造着天气，可是一到有人硬要把苍天当做小块土地的代替品的时候，它就成为一种嘲弄了。"[①]拉马丁的诗歌乃是那个苍天上的云朵。正如圣伯甫在1830年所说："安德列·谢尼埃的诗……可以说是在拉马丁铺展的天穹下的风景画。"[②]1848年，当法国农民投票选举波拿巴为总统时，这个天穹便永远崩毁了。拉马丁自己也促成了这种选举结果。[③] 圣伯甫论述过拉马丁在革命中的角色："他可能从未想到他注定成为一个俄耳甫斯式的人物，要用他的金琴引导和缓解蛮族的入侵。"[④]波德莱尔则冷冷地把他称作"一个婊子，一个烂妓女"。[⑤]

对于这个辉煌人物的可争议之处，可能没有人比波德莱尔的目光更犀利了。这也许是由于他在自己身上一直感觉不到这种光环。波谢认为，波德莱尔对于谁能接受自己的稿子，似乎毫无选择

---

① 马克思：《路易·波拿巴的雾月十八日》，《马克思恩格斯选集》中文版（1995年版），第1卷，第683页。——译者

② 圣伯甫：《约瑟夫·德洛姆的生活、诗歌与思想》，巴黎，1863年，第170页。——译者

安德列·谢尼埃（Andre Chenier，1962—1794），法国诗人。——译者

③ 根据当时俄国驻巴黎大使基谢列夫的报告，波克列夫斯基认为，事态的发展正如马克思在《法兰西阶级斗争》中所勾画的那样。1849年4月6日，拉马丁向这位大使保证他会将军队调集到首都——资产阶级事后试图用4月16日的工人示威来说明这项措施的正确。拉马丁说，他需要10天时间来调集军队。这个说法就使这些示威的原因变得扑朔迷离了。（参见米哈依尔·波克列夫斯基：《历史论集》，维也纳，1928年，第108页起）

④ 圣伯甫：《慰藉》，第118页。

⑤ 转引自弗朗索瓦斯·波谢：《夏尔·波德莱尔的痛苦生活》，巴黎，1926年，第248页。

余地。[1] 欧内斯特·雷诺写道："波德莱尔不得不准备应付不道德的做法。他要对付的是那些对老手、业余作者和新手的名气做精心算计的出版商，而且只是在有了订单之后，他们才接受稿件。"[2] 波德莱尔自己的行为也顺应了这种状况。他把一份稿子同时送给几家报纸，而且允许不加说明地转载重印。他很早就对文学市场不抱任何幻想。1846年，他写道："一所房子不管多么漂亮，在有人欣赏它的漂亮之前，它只是多少米高，多少米长。同样，文学能够成为无价之宝，但首先是一个填格子码字的事；一个名字不值钱

波德莱尔

① 转引自弗朗索瓦斯·波谢：《夏尔·波德莱尔的痛苦生活》，巴黎，1926年，第156页。

② 欧内斯特·雷诺：《夏尔·波德莱尔》，巴黎，1922年，第319页。

的文学建筑师只能随行就市，任由买方压价。”[1]终其一生，波德莱尔在文学市场上一直处于糟糕的地位。据估算，他用全部作品至多挣了15000法郎。

“巴尔扎克用咖啡毁掉自己，缪塞用酗酒来使自己麻木不仁……米尔热[2]死于疗养院，波德莱尔现在也同样死于疗养院。而且，这些作家无一是社会主义者！”[3]圣伯甫的私人秘书于勒·特鲁巴这样写道。对于最后一句话所隐含的那种评价，波德莱尔确实当之无愧。但这并不意味着他没有洞察到文人的真实状况。他常常把这种文人，首先是他本人，比作妓女。他的那首十四行诗《要钱的缪斯》[4]就表达了这种意思。那首出色的开篇之作《致读者》把诗人置于并不令人羡慕的地位：用自我剖白来换取冰冷的金钱。他早期有一首描写街头妓女的诗，没有收入《恶之花》。其中第二段是这样写的：

为了有鞋穿，她出卖了自己的灵魂；
但仁慈的上帝会嘲笑我，向这贱人靠近，
充当伪君子，装作高贵
却祈望成为作家而出卖我的思想。[5]

---

① 波德莱尔：《作品集》，第2卷，第385页。

② 米尔热(Henri Murger，1822—1861)，法国小说家，第一个描写“波希米亚人”生活。——译者

③ 转引自欧仁·克雷佩：《夏尔·波德莱尔》，巴黎，1906年，第196页起。

④ 这首诗在钱春绮译本中的标题是“为钱而干的诗神”。——译者

⑤ 波德莱尔：《作品集》，第1卷，第209页。

最后一段"看那个波希米亚女人,那就是我的一切"十分泰然地把这种文人归入波希米亚人的圈子。波德莱尔懂得文人的真实状况:他们好像是一个闲逛者走进市场,说是到处看看,实际上是寻找买主。

二、闲逛者

On a fait beaucoup d'ouvrages sur Paris; sans doute on en fera beaucoup encore! Il y a tant de choses à dire sur cette ville immense, devenue le centre des arts, des sciences, des modes, des plaisirs, et on pourrait presque dire de la civilisation.

Nous n'avons pas la prétention de clore la discussion; nous n'avons pas non plus celle d'écrire une *Histoire de Paris*, et si dans nos tableaux on trouve parfois quelques

《巴黎：一百零一卷》

《法国人自画像》:杂货店主

《法国人自画像》:仕女

《法国人自画像》:食利者

作家一旦走进市场，就会在里面四处观望，好像置身于一个全景画。有一种特殊的文学样式记录了作家寻找自己方位的最初尝试。这就是全景文学。《巴黎：一百零一卷》、《法国人自画像》、《巴黎的魔鬼》、《大城市》等作品①也与全景画一样受到首都的青睐，这并非偶然。这些书都是由许多随笔短文组成的。它们的趣闻轶事的形式就好像这些全景画的立体前景，它们所包含的丰富信息就好像全景画广阔的后景。许多作家都为这些文集撰稿。因此，如果说吉拉丹曾用连载专栏为纯文学集体劳动找到了一个出路，那么这些文集也是纯文学集体劳动的产物。它们主要在街头出售，但罩上了沙龙的外衣。在这种文学中，那些名为"生理研究"(physiology)的外表朴素的平装口袋书占据首要地位。它们研究在逛市场时可能碰到的各种类型的人。从林荫大道上流动的街头小贩到歌剧院休息厅中的丹蒂②，巴黎生活中的所有形象无一不被"生理学家"所描述。这种体裁的辉煌时期是在19世纪40年代初期到来的。它是副刊文学中的高级技艺。波德莱尔那一代人都经历过这一阶段。波德莱尔本人对它不以为然，这不过表明他很早就另辟蹊径了。

---

① 《巴黎：一百零一卷》(Paris ou le livre des cent-et-un)，15卷，巴黎，1831—1834年。《法国人自画像：19世纪风尚》(Les Francais Peints Par Eux-Memes : Encyclopedie Morale Du XIXe Siecle)9卷，巴黎，1841—1850年。《巴黎的魔鬼：巴黎和巴黎人》(Le Diable a Paris: Paris et les Parisiens)，两卷本，1845—1846年出版，收录巴尔扎克、戈蒂耶、缪塞、乔治·桑等人讽刺作品，配有加瓦尔尼创作的大量插图。《大城市：巴黎新貌》(La Grande Ville, Nouveau Tableau de Paris)，两卷本，巴黎，1844年。——译者

② 丹蒂(dandy)，最初指19世纪英国出现的一类花花公子。他们有钱有闲，讲究仪表谈吐。丹蒂主义或丹蒂风度(dandyism)传到法国后，受到波德莱尔等人的推崇。参见本书附录的波德莱尔论丹蒂。——译者

1841年,有76项新的生理研究问世。[1] 此后这种体裁就呈衰落之势。它最终与市民国王路易-菲利浦的统治一起销声匿迹。它基本上是一种小资产阶级体裁。运用这种体裁的大师莫尼埃[2]就是一个具有非凡自我观察能力的市侩。这种生理研究从未能突破极其有限的视野。在写完各种类型的人以后,就轮到城市生理研究了。于是出现了《夜巴黎》、《餐桌上的巴黎》、《水中巴黎》、《马背上的巴黎》、《如画的巴黎》、《婚礼中的巴黎》。当这一系列也被

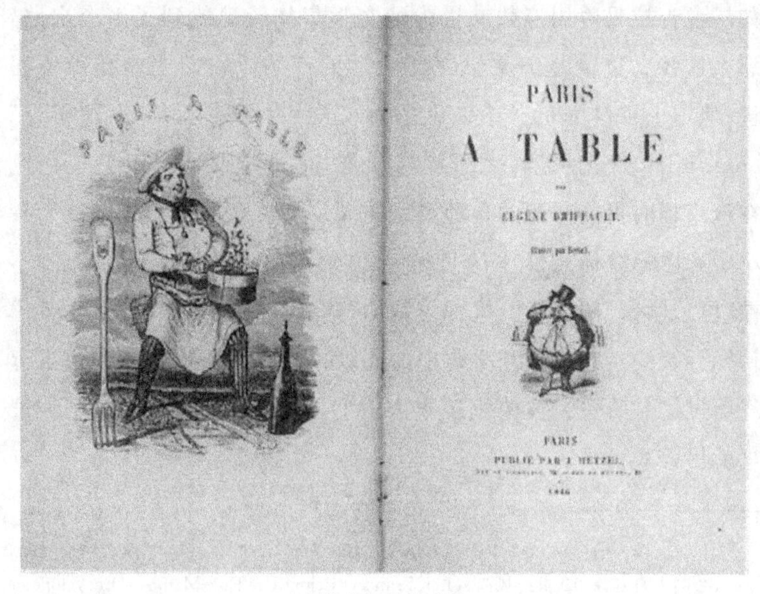

《餐桌上的巴黎》

① 参见夏尔·卢安德尔:"十五年来法国精神产品的文学统计",《两世界评论》,1847年11月15日,第686页。

② 莫尼埃(Henri Monnier,1805—1877),法国漫画家和作家。——译者

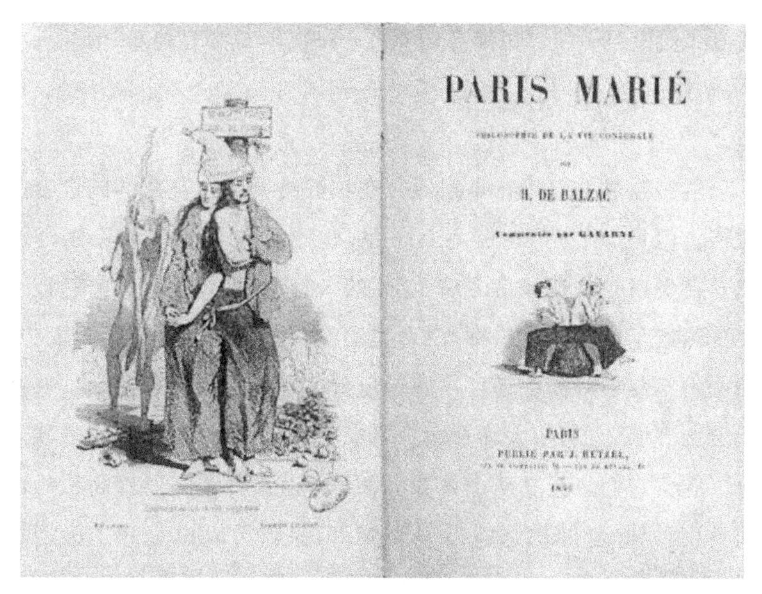

《婚礼中的巴黎》

穷尽后，有人开始尝试民族“生理研究”。人们也没有遗漏动物“生理研究”，因为研究动物一直是不犯忌的。不犯忌是关键所在。爱德华·富克斯[①]在漫画史研究中指出，生理研究的开端在时间上恰与1836年实行更严格的书报检查制度的所谓九月法令重合。该法令立即迫使一批具有讽刺才华的美术家退出政治。既然在绘画领域中做得到，那么在文学领域中政府的伎俩必然更能大行其道，因为文学领域无人具有杜米埃[②]那么大的政治能量。于是，反动成为主流，“由此可以解释为什么从法国开始……对资产阶级生

① 爱德华·富克斯(Eduard Fuchs，1870—1940)，德国文化史学者。——译者
② 杜米埃(Honore Daumier，1808—1879)，法国漫画家。——译者

活方式大检阅……一切都受到检查……庆典日和哀悼日、劳动和娱乐、婚嫁和独身习俗、家人、家、孩子、学校、社会、剧院、身份、职业。”①

这些描述的悠闲特点很适合在柏油路上研究花草的闲逛者的风格。但是，即便是在那些日子里，也不可能在这个城市到处游逛。在奥斯曼改造城市之前，宽阔的人行道很少，狭窄的街巷让人无法躲避车辆。没有拱廊，游逛也不会像后来那么重要。1852 年的一份巴黎导游图上说：“拱廊是新近发明的工业化奢侈品。这些通道用玻璃做顶，用大理石做护墙板，穿越一片片房屋。房主联合投资经营它们。光亮从上面投射下来，通道两侧排列着高雅华丽的商店，因此这种拱廊就是一座城市，甚至可以说是一个微型世界。”正是在这样的世界里，闲逛者适得其所。他们给“散步者和吸烟者喜欢逗留之地、平民百姓经常光顾的好去处”②提供了编年史家和哲学家。至于他们自己，他们在那个脑满肠肥的反动政府的邪恶目光下很容易感到沉闷烦躁，但在这里得到了无穷的补偿。波德莱尔转引了居伊③的说法：“凡是在人群中会感到沉闷的人都是笨蛋。我再说一遍，是笨蛋，是不值一提的笨蛋。”④拱廊是街道和室内的交接处。如果说有一种生理研究的艺术手段，那就是行之有效的专栏技巧，即把林荫大道变成室内。对于闲逛者来说，街道变成了居所；他在诸多商店的门面之间，就像公民在自己的私人

① 爱德华·富克斯：《欧洲民众的漫画》，第 1 卷，慕尼黑，1921 年，第 362 页。
② 费迪南德·冯·加尔：《巴黎及其沙龙》，第 2 卷，奥尔登堡，1845 年，第 22 页。
③ 居伊（Constantin Guys，1802—1892），法国现实主义插图画家。——译者
④ 波德莱尔：《作品集》，第 2 卷，第 333 页。

住宅里那样自在。对于他来说，闪亮的商家珐琅标志至少也是一种漂亮的墙上装饰，正如资产阶级市民看着自家客厅挂的一幅油画。墙壁就是他用来垫笔记本的书桌。报摊就是他的图书馆。咖啡馆的露台就是他工作之余从那里俯视他的庭院的阳台。这种变化多端、五颜六色的生活只能是在灰色鹅卵石[①]中、在灰色的专制主义背景前生发出来，而这就是种种“生理研究”赖以存在的政治秘密。

这些著作的社会意义也是可疑的。“生理研究”用性格素描向公众呈现了一个长长的人物系列：古怪的、天真的、有趣的、古板的，各式各样。但他们有一点是共同的，即温和敦厚，不会害人。这种对周围各色人等的看法，与人们的经验相去甚远，因此这种看法背后肯定有非同寻常的动机。那是一种特别的焦虑。因为人们不得不去适应一种新的、十分陌生的环境，即大城市特有的环境。齐美尔对此做了很中肯的概括：“有视觉而无听觉的人比有听觉而无视觉的人要焦虑得多。这里包含着大城市社会学所特有的某种东西。大城市的人际关系明显地偏重于眼睛的活动，而不是耳朵的活动。主要原因在于公共交通手段。在19世纪公交车、铁路和有轨电车发展起来之前，人们不可能面对面地看着、几十分钟乃至几个钟头都彼此不说一句话。”[②]正如齐美尔所发现的，这种新环境并不令人愉快。布尔沃-利顿在《尤金·阿拉姆》中用歌德的一个观点来组织他对大城市居民的描述：所有的人，最高贵的人也

① 灰色鹅卵石是巴黎街道的铺路石，也是街垒的建筑材料。——译者

② 齐美尔：《社会学》，第4版，柏林，1958年，第486页。齐美尔(Georg Simmel, 1858—1918)，德国社会学家。——译者

罢,最卑贱的人也罢,都心怀鬼胎,一旦被揭穿,他就会遭到其他所有人的厌恶。[①] 那些生理研究旨在把这些令人不安的观念当作微不足道的东西予以排除。可以说,它们是马克思所说的思想“受局限的城市动物”[②]的遮眼罩。福科的《法国工业的生理研究》关于无产阶级的描述向人们显示,当人们需要时,这些生理研究能提供的视野是多么狭窄:“安静的享受对于工人来说几乎是一种折磨。他居住的房子可能上有万里晴空,四周绿茵环绕,有花香,有鸟语;但是如果他闲待着,他永远理解不了幽居的妙处。然而,如果远方工厂的噪声或汽笛声能够传到他的耳朵里,甚至他若能听到工厂里机器的单调碰撞声,他的脸上立即露出生气。他不再感觉到有什么芬芳的花香。高耸的工厂烟囱冒出的浓烟,打击铁砧的轰鸣,都让他兴奋不已。他回忆起在发明者精神指引下劳动的快乐日子。”[③]一个企业家若是读了这段描述,他大概就能以平常没有的放松心情入睡了。

其实,这里可以看到一个最明显的目的,那就是向人们展示一幅友好相处的画面。因此,这些生理研究以自己的方式来促成这种巴黎人生活的幻境。但是,它们采用的方法使得它们难有作为。人们知道彼此是债务人和债权人、推销员和顾客、雇员和雇主的关系,最重要的是,知道彼此是竞争者。说到底,让他们相信自己的

① 布尔沃-利顿:《尤金·阿拉姆》,巴黎,1832年,第314页。布尔沃-利顿(Edward Bulwer-Lytton,1803—1873),英国小说家、剧作家、政治家。——译者

② 见马克思、恩格斯:《德意志意识形态》,《马克思恩格斯选集》中文版(1995年版),第1卷,第104页。——译者

③ 爱德华·福科(Edouard Foucaud):《巴黎发明家:法国工业的生理研究》,巴黎,1844年,第222页。

伙伴是无害的怪人，这样的写法很难维持下去。因此，这些作品很快就发展了另外一种更接近现实的观念。它们回过头来求助于18世纪的相面学者，但它们与后者比较扎实的努力毫不沾边。在拉瓦特尔和加尔[①]那里，除了思辨和想象外，也有真正的经验主义。“生理研究”受惠于这种经验主义，但是对它没有添加任何贡献。它们要人们相信，任何人在对真实情况毫无所知的情况下都能辨别一个路人的职业、性格、背景和生活方式。在这些作品中，这种能力似乎是一种天赋，是每一个大城市居民出生时仙女赠与他的礼物。巴尔扎克怀着这种信念，比其他人更舒展自如。他对凭空推断的偏爱得到这种信念的支持。他说：“一个人若有天才，那是很容易看出来的。哪怕是一个受教育极少的人，若是在巴黎街头溜达时碰见了一个大艺术家，他也能立刻识别出来。”[②]波德莱尔的朋友德尔沃[③]是名气较小的专栏作家中最有意思的一位。他宣称，他能够像地质学家区分岩层那样，很轻易地区分巴黎公众的社会阶层。可是，如果能够对这种事分辨清楚，那么在大城市生活就几乎不会那样惴惴不安了。因此，波德莱尔提出的问题也就成了文字游戏：“与文明社会中的日常震惊和冲突相比，森林和草原上的危险算得了什么？在林荫大道上捕获他的受害者也好，在陌生的丛林中刺杀他的猎物也好，人在这两个地方不都是所有掠

① 拉瓦特尔（Johann Kaspar Lavater，1748—1801），瑞士神秘主义者，作家、观相术的创立者。加尔（Franz Joseph Gall，1758—1828），德国心理学家，神经解剖学家，颅相学的创立者。——译者

② 巴尔扎克：《邦斯舅舅》，巴黎，1914年，第130页。

③ 德尔沃（Alfred Delvau，1825—1867），法国作家，著有《和蔼的巴黎郊区人》等。——译者

食野兽中最完美的吗?”①

波德莱尔用“蠢货”(dupe)这个词来表示这种受害者。蠢货这个词指的是那种被欺骗、被愚弄的人。这种人与那种老于世故的人恰成对照。一个大城市变得越离奇莫测,在那里生存就越需要对人性有更多的认识。实际上,生存竞争越来越激烈,这就促使个人迫不及待地宣告自己的利益所在。在对一个人的行为进行评价时,对其利益的熟悉就远比对其人格的熟悉更有用。因此,闲逛者喜欢自吹的那种能力,更可能是被培根早就确定属于市场里所产生的那种假象②。波德莱尔对这种假象毫无敬意。他对原罪的信念使他不可能相信任何关于人性的知识。德·梅斯特③从自己的角度出发把教条学问与培根学问结合起来。波德莱尔与他同气相求。

这些生理研究者推销的药方,几乎没有什么慰藉作用,很快就成了过眼烟云。但是,那种关注城市生活中令人不安的可怕方面的文学必然有伟大的前程。这种文学也涉及大众,但它的方法与那些生理研究不同。它几乎不关心对人物类型的界定;它注重研究的是大城市中群众特有的功能。其中一种功能引起了特别的关注。早在进入19世纪之际,一份警察局的报告就强调了这种功能。1789年一个巴黎警方暗探写道:“在一个熙熙攘攘的地方,几乎无法保证人们品行端正,也就是说,人们彼此都不认识,因此不

① 波德莱尔:《作品集》,第2卷,第637页。

② 在培根看来,人们受到4种假象的误导,其中之一是市场假象(idols of marketplace),意指人们交易和交流中使用流行观念或不当言词而产生的思维混乱。——译者

③ 德·梅斯特(Joseph de Maistre, 1753—1821),法国保守主义思想家。——译者

必在任何人面前脸红。”[1]在这里，群众就像一个庇护所，可以保护一个反社会分子躲避追捕。在群众的各种令人不安的形象中，这一形象最先凸现出来。这也是侦探故事兴起的原因。

在（法国大革命的）恐怖时期，所有的人都带点密谋者的味道，因此每一个人都可能不得不充当侦探的角色。在街上闲逛给了他这样做的最好机会。波德莱尔写道：“旁观者是一个无所不在的微服私访的君主。”[2]如果闲逛者因此不由自主地变成了一个侦探，这就使他在社会上获得许多好处，因为这就认可了他的游手好闲。他仅仅是看上去十分懒散，但在这种懒散背后，是一个观察者的警觉。这个观察者不会放过任何一个歹徒。因此，这个侦探能够监视很大一片区域，从而使他的自尊得以满足。他形成了一些与大城市的节奏相一致的反应方式。他能捕捉转瞬即逝的事物；这使得他把自己幻想成一个艺术家。所有的人都赞美画家的蜡笔速写。巴尔扎克认为，这种艺术才能离不开一种快速捕捉能力。[3]

刑事侦破的精明再加上闲逛者那种招人喜欢的不动声色，这就是大仲马的《巴黎的莫希干人》的要点。这部作品的主人公决定跟随他抛在风中的一张纸，进行一次探险。无论闲逛者循着哪条线索，结果都把他引向一桩犯罪。这个暗示表明，侦探故事不管包含着多么冷静的计算，也参与了制造巴黎生活的幻境。侦探故事

---

① 转引自阿道夫·施密特：《法国革命的景象：巴黎政府和秘密警察原始档案》，第3卷，莱比锡，1870年，第337页。

② 波德莱尔：《作品集》，第2卷，第333页。

③ 巴尔扎克在《塞拉菲达》中说：“敏捷的目光在快速转换时的感知，能够把人世间最对立的画面交给想象力来处置。”

此时还没有颂扬罪犯,但是极力美化罪犯的对手,尤其是渲染他们追捕罪犯的"猎场"。梅萨克向我们显示一些作品是如何尽力使人联想起库珀的。[①] 最有意思的是,它们并不掩饰反而展示库珀的影响。在上面提到的《巴黎的莫希干人》中,这种展示明显地体现在标题上面;作者在向读者承诺,将为读者展现巴黎的热带森林和草原景象。第3卷卷首的木刻插图展现的是一条当时很少有人光顾的、灌木丛生的街道。下边的说明文字是:"昂菲街的热带森林"。这卷作品的活页广告用华丽的词句概括了这种联系,而且任何人都能从中看出作者的那种自我陶醉:"巴黎——莫希干人……这两个名字互相碰撞,就像两个巨大的怪物彼此喝问。二者之间横亘着一道深渊,深渊中划过一道电光,电光就来自大仲马。"甚至在此之前,费瓦尔[②]就已经让一个红种人卷入大都市的冒险中。这个人名叫托瓦赫。他在乘坐一个小型出租马车时,设法将4个白人旅伴的头皮剥了下来,而车夫竟然毫无察觉。《巴黎的秘密》在一开头就提到库珀,从而向读者预示,这些巴黎黑社会的主人公们与库珀出色刻画的野蛮人同样远离文明。巴尔扎克则尤其反复表示库珀是他的榜样。"这种恐怖之诗充斥着美洲丛林——怀着敌意的部落在丛林或小路的战场上相互遭遇——这种恐怖诗意使库珀享有很高的地位,也同样笼罩了巴黎生活的细微之处。行人、

---

① 参见罗歇·梅萨克(Roger Messac):《侦探小说与科学思想的影响》,巴黎,1929年。——原注

库珀(James Fenimore Cooper, 1789—1851),美国作家,被认为是美国边疆冒险小说和海上冒险小说的开创者。——译者

② 费瓦尔(Paul-Henri-Corentin Féval, 1817—1887),法国小说家。——译者

商店、出租马车、倚在窗前的男子——所有这一切都让佩拉德[①]的保镖们十分紧张，就像库珀小说中的一个树桩、一个海狸洞穴、一块岩石、一张野牛皮、一个静止的小舟甚至一片漂流的树叶都会让读者屏住呼吸。"巴尔扎克的紧张情节十分丰富，体现在从印第安人的故事到侦探故事等各种不同的体裁中。最初一些人很反感他的"穿紧身短夹克的莫希干人"和"穿工装的休伦人"。[②] 但是，与波德莱尔关系密切的伊波利特·巴布[③]在1857年回顾道："当巴尔扎克破墙而入、自由地观看时，人们趴在门口倾听……简言之，按照我们的英国邻人那种假装斯文的说法，他们的行为就像警方侦探。"[④]

侦探小说的趣味主要在于逻辑推理，这是犯罪小说不一定具备的。侦探小说最初在法国是以爱伦·坡的故事《罗杰疑案》、《毛格街血案》和《失窃的信》的译本形式出现的。波德莱尔在翻译了这些范本之后，也采用了这种体裁。他十分明显地把爱伦·坡的东西融入自己的作品中。为了强调这一点，波德莱尔声明自己奉行的是爱伦·坡所提倡的协调各种不同风格的方法。爱伦·坡是现代文学最伟大的技法大师之一。正如瓦莱里所说，[⑤]他第一个尝试写科幻小说、

爱伦·坡

---

① 佩拉德(Peyrade)，巴尔扎克小说中的人物。——译者

② 参见安德列·勒·布勒东:《巴尔扎克》，巴黎，1905年，第83页。

③ 巴布(Hippolyte Babou，1824—1878)，法国批评家。——译者

④ 巴布:《尚弗勒里先生案件的真相》，巴黎，1857年，第30页。

⑤ 见波德莱尔:《恶之花》，巴黎，1928年，瓦莱里写的导言。——原注
瓦莱里(Paul Valery，1871—1945)，法国文学家。——译者

论述现代天体演化论以及描写病理现象。他认为这些完全是被他称作一种普遍适用的方法的产物。在这一点上,波德莱尔站在他的一边。他遵循着爱伦·坡的精神写道:“不久的将来人们就会懂得,如果有一种文学拒绝与科学和哲学和睦相处,这种文学无异于谋杀和自杀。”[①]侦探小说是爱伦·坡最重要的技法成就,也是能够满足波德莱尔所主张的那种文学的一部分。对它的分析也有助于对波德莱尔作品的分析,尽管波德莱尔从来没有写过这种类型的小说。《恶之花》具有其诸多关键因素中的三种,尽管都是散落的片断(disiecta membra):受害者及犯罪地点(《被杀害的女人》)、凶手(《凶手的酒》)、人群(《黄昏》)[②]。第四种因素缺失,即让理智来打破这种感情渲染的氛围。波德莱尔不写侦探小说,因为就其禀赋而言,他不可能认同侦探。在他笔下,计算、推理因素属于那些离群索居的反社会分子,因而成为残忍的组成部分。波德莱尔作为一个读者太迷恋萨德侯爵的作品,因此不可能去与爱伦·坡试比高低。[③]

侦探小说最初的社会内容就是个人踪迹在大城市人群中的隐没。《罗杰疑案》是爱伦·坡篇幅最长的侦探小说。他在小说的细节描写中关注的就是这个主题。同时,这个小说也是利用新闻信息破案的原型。爱伦·坡笔下的侦探谢瓦利埃·杜邦在工作时不是凭借自己的观察,而是借助报纸的报道。对那些新闻报道的批判分析建构成故事的架构。除了其他事情外,犯罪时间也是需要

---

① 波德莱尔:《作品集》,第2卷,第424页。

② 这三首诗见钱春绮译本,第277、266、236页。——译者

③ “在解释邪恶时……他总是不得不回过头来诉诸萨德”(第2卷,第694页)。

确定的。小说中一家报纸《商报》表达的观点是,被害妇女玛丽·罗杰是在离开母亲的寓所后立即被人杀害的。爱伦·坡写道:"'像这样一个千百人都认得的女子,如果她走过了三个街区,那么就不会没人看到她。'这是一个久居巴黎之人——一个公务人员——所持的观点,这个公务人员在这个城市中走来走去,但是几乎仅限于一些办公地带。他是按照一定的间隔、在一定的半径内来回往返,在这个范围里,会有许多人注意到他,因为他的职业与他们属于同类。然而玛丽的出门行走,总的来说可能是没有规律的。在她最后一次出门的时候,咱们几乎可以这样说,她走的路线并不是她常走的。《商报》所认为的那种玛丽会像别的名人一样被人认出,这种完全相似的情况,只有在两个人都横穿全市时才会发生。在这种情况下,如果两个人的熟人相等,那么他们也就有同样的机会遇到同样多的熟人。我个人认为,如果玛丽在某一时候上街,在从她家到她姑妈家的许多路线中拣一条去走,那么她不仅可能,而且大有可能没碰上一个熟人。从全面而恰当的角度看这类问题,应该谨记:即使巴黎最有名的人,他的熟人在巴黎的总人口中也只是沧海一粟。"如果人们忽视了引发爱伦·坡书中这些思考的环境,侦探也就失去了用武之地①,但是问题依然存在。它以另外一种形式成为《恶之花》中最著名的一首诗的基础。这首十四行诗的标题是《给一位交臂而过的妇女》:

大街在我的周围震耳欲聋地喧嚷。

---

① 这句话是转译。直译是"侦探就失去了他的特长"。——译者

走过一位穿重孝、显出严峻的哀愁、
瘦长苗条的妇女,用一只美丽的手
摇摇地撩起她那饰着花边的裙裳;

轻捷而高贵,露出宛如雕像的小腿。
从她那像孕育着风暴的铅色天空
一样的眼中,我犹如癫狂者浑身颤动,
畅饮销魂的欢乐和那迷人的优美。

电光一闪……随后是黑夜!——用你的一瞥
突然使我如获重生的、消逝的丽人,
难道除了在来世,就不能再见到你?

去了!远了!太迟了!也许永远不可能!
因为,今后的我们,彼此都行踪不明,
尽管你已经知道我曾经对你钟情![1]

这首十四行诗所展示的人群不是罪犯的庇护所,而是爱情逃避诗人的隐身处。人们可以说,它涉及的不是人群在公民生活中的功能,而是人群在登徒子生活中的功能。乍一看,这种功能似乎是消极的,其实不然。这个使登徒子销魂的精灵虽无意躲避他,却

① 波德莱尔:《给一位交臂而过的妇女》,见钱春绮译本,第232页。译文稍有改动。——译者

被人群带到他的身边。城市居民的欢乐与其说在于“一见钟情”(love at first sight),不如说在于“最后一瞥之恋”(love at last sight[①])。“永远不可能”标志着邂逅的顶点,诗人的激情似乎受到挫折,其实是从他内心中火焰般地迸发出来。他被这种火焰烧灼着,但是没有凤凰从火焰中腾飞出来。第三段中的“重生”对从前一段看还似乎很成问题的事情经过提供了一种阐释。使他浑身颤抖的,不是因某个形象调动了这个男人的全部神经而引起的兴奋,更多的是由于震惊。由于震惊,一种迫不及待的欲望突然征服了孤独的男子。“犹如癫狂者”这个说法就表达了这一点。诗人强调这个精灵般的丽人身着重孝,也并非要掩盖这一点。实际上,前两段是呈现事情经过,后两段则借景抒情,在前两段和后两段之间有一个很深的断裂。蒂博代[②]说,这些诗句“只能是在大城市里写的”。[③] 他说这话并没有深入到表象背后。这些诗句的内在构成体现了这样一个事实:在这些诗句里,人们认识到,爱情本身也遭到大城市的贬黜。[④]

---

① love at last sight,按译者的理解,指的是惊鸿一瞥或蓦然回首所产生的没有续集的爱恋,似乎可根据不同语境译成“相爱恨晚”、“失却之恋”、“惊鸿遗梦”等。——译者

② 蒂博代(Albert Thibaudet,1874—1936),法国文学评论家。——译者

③ 蒂博代:《室内》,巴黎,1924年,第22页。

④ 斯特凡·格奥尔格(Stefan George,1868—1933,德国象征主义诗人——译者)早期的一首诗就是以对交臂而过的女人的爱慕为主题。诗人格奥尔格忽略了一件重要的事情:那个女人行进于人群潮流中。结果,这首诗成了一首浮夸的哀歌。诗人的目光——因此他必须向他爱慕的妇人承认——“转向别处,含着渴望的泪水/不敢与你的目光交融”(斯特凡·格奥尔格:《赞美诗,朝圣,抒情诗人》,第7版,柏林,1922年,第23页)。无疑,波德莱尔看到了交臂而过的女人的眼睛深处。

自路易-菲利浦的时代起,资产阶级就努力弥补在大城市中私生活逝水无痕而造成的缺憾。他们是在四壁之内寻求这种补偿。尽管资产阶级不能使自己的尘世生命永垂不朽,但他们似乎把永久保存自己日常用品的痕迹当作一桩光荣的事情。资产阶级乐于获得作为一个物品主人的形象。因此,他们要把拖鞋、怀表、温度计、蛋杯、餐具、雨伞等罩起来或者放进容器里。他们偏爱天鹅绒和长毛绒罩子,因为它们能够保存所有触摸的痕迹。对于第二帝国末期流行的马卡特风格①来说,住所就是一种包裹起来的方式。这种风格将住所视为一个适合人的盒子,把人及其附属物统统嵌入其中,用它保护他的痕迹,就像大自然保护着嵌在花岗岩里的动物残骸。我们不应忽视,这一过程有两个方面。一方面,被保存物品的实际价值或情感价值受到强调。另一方面,它们避开了非主人的亵渎目光;特别是,它们的外形被人们用一种特殊方式搞得模糊了。毫不奇怪,抗拒控制原来是反社会分子的第二天性,现在也回到有产业的资产阶级身上。

在这种风气下,才会出现《官方杂志》上那部连载小说所做的辩证阐释。早在1836年,巴尔扎克在《莫黛斯特·米尼翁》中写道:"可怜的法国女人!你们可能很愿意为了编织一点点浪漫故事而隐名埋姓、默默无闻。但是,文明发展到现在,你们怎么可能做到这一点?马车出入公共场所都要登记,信件在寄出和投递时都要登记和盖邮戳,房屋都被编上门牌号码,很快整个国家的每一寸

① 马卡特(Hans Makart,1840—1884),奥地利画家。他在19世纪70年代(不是文中说的60年代)也从事室内装饰、服装设计、家具设计等,其风格被称作马卡特风格。——译者

土地都要登记在册了。”[1]自法国大革命以来，一个广泛的控制网络把资产阶级的生活越来越紧地网罗起来。对大城市住宅进行编号，这一实用措施支撑了标准化的推进。拿破仑政府在1805年就要求巴黎强制推行这一做法。在无产阶级居住区，这种简单的警察措施无疑遭到了抵制。晚至1864年，关于圣安东区这个工匠居住区的报道还在说：“如果问该郊区的居民他的地址是什么，他总是说他房屋的名字，而不说冷冰冰的官方号码。”[2]当然，这种抗拒最终归于无效。由于人们会在大城市的人群中不留痕迹地消失，针对这种情况，当局致力于发展多重登记网络。波德莱尔发现当局的做法使他像作案罪犯一样行动不便。在躲避债主时，他到咖啡馆或读书会待着。有时，他有两个住所，但是当租期到了的时候，他常常在第三处与朋友一起过夜。他就是这样在这个早已不是闲逛者家园的城市里漂泊。他所睡的每一张床对于他来说都变成了“冒险的床”。[3] 根据克雷佩[4]的统计，从1842年到1858年，波德莱尔在巴黎有过14个住址。

为了实现政府的控制，需要辅之以技术手段。目前身份识别的标准源于贝蒂荣识别法。[5] 但在早期，对一个人的识别是靠对

① 巴尔扎克：《莫黛斯特·米尼翁》，巴黎，1850年，第99页。

② 齐格蒙德·英格兰德：《法国工会史》，第4部分，汉堡，1863—1864年，第3卷，第126页。

③ 波德莱尔：《雾和雨》（参见钱春绮译本，第251页。钱春绮译本为“大胆的床”）。——译者

④ 克雷佩（Eugene Crepet，1874—1952），法国学者，波德莱尔的第一个传记作者。——译者

⑤ 贝蒂荣（Alphonse Bertillon，1853—1914），巴黎警方罪犯识别部门负责人。他发明的“贝蒂荣识别法”包括身体测量、体征描述和照相，于1882年开始应用。——译者

签名笔迹的确认。照相术的发明是身份识别史上的一个转折点。照相术对刑事犯罪研究的意义不亚于印刷术对于文学的意义。照相术第一次使人类有可能准确无误地长期保存一个人的痕迹。正是在这个征服人的隐匿状态的最关键手段产生之后，侦探小说得以问世。此后，捕捉一个人的言语和行动的努力至今尚未终结。

爱伦·坡的著名小说《人群中的人》有些像是给一部侦探小说拍的X片。在这张X片上，那些衣饰（即犯罪情节）不见了，只剩下骨架：追踪者、人群和一个无名男子。这个无名男子在穿行伦敦时总是故意混迹于人群中间。这个人就是闲逛者。波德莱尔在论居伊的文章中就是这样解释闲逛者的。他称闲逛者是“人群中的人”。但是爱伦·坡在描述这种人时没有波德莱尔的那种宽容。在爱伦·坡看来，闲逛者最主要的特点是，他独自一人时感到不舒服。这就是为什么他要寻找人群；他躲在人群中的原因可能很容易解释。爱伦·坡有意模糊反社会分子与闲逛者之间的区别。一个人越难找，他就越可疑。叙事者没有展开漫长的寻找过程，而是冷静地总结了自己的洞见：“这个老头……是个人物，是个深藏不露的犯罪天才。他不肯独处。他是**人群中的人**。”

爱伦·坡不是要求读者仅仅关注这个人物；他对人群的描写也应该得到至少同样的关注。无论是从纪实性看，还是从艺术性看，在这两个方面人群都很突出鲜明。首先让人震惊的是，叙事者在关注人群场面时的那种痴迷。E. T. A. 霍夫曼[1]的著名小说《表

① E. T. A. 霍夫曼（E. T. A. Hoffmann，1776—1822），德国浪漫派作家，作曲家。——译者

弟的街角窗户》关注的也是同样的场面。但是,这个男子被安置在自己家里,观看人群时有很大的局限,相反那个透过咖啡馆玻璃窗向外凝视的男子则有一双锐利的眼睛。这两个观察点的不同包含着柏林和伦敦的差异。一边是悠闲的男人。他坐在房间的凸肚窗旁,就像坐在剧院包厢里;当他想更清楚地看看市场的情况,他就举起手中的剧场望远镜。另一边是一个不知姓名的顾客。他走进咖啡馆,只逗留一会儿就会离开,外面的人群像磁石一样吸引他,不断地把他卷入其中。一边是许多小型市井风俗画,合起来能够构成一本五光十色的版画集。另一边是一种能够激发一个版画大师灵感的景象——巨大的人群,其中任何一个人都不比其他人更清晰,也不比其他人更模糊。虽然德国小资产阶级往往目光短浅,但霍夫曼就其气质而言属于爱伦·坡和波德莱尔一类。在他晚期作品集第一版的作者介绍中,我们读到这样的文字:"霍夫曼从来没有特别钟情于大自然。他对人的看重超过了其他一切,他与人们交流,观察他们,甚至仅仅是看着他们。夏天只要天气好的时候,他每天傍晚都会去散步。几乎走到每一个酒馆或糖果店,他都要停下来看看里面有没有人,有些什么人。"①后来,当狄更斯出去旅游时,他不断地抱怨听不到市井喧哗,而那是他进行创作时不可缺少的。1846 年,他在洛桑创作《董贝父子》时,在一封信中写道:"我无法说清我是多么需要这些(街区)。仿佛它们能够给我的大脑提供某种东西,这种东西是在紧张时绝不能缺少的。我可以在

① E. T. A. 霍夫曼:《文集》,第 15 卷:尤利乌斯·爱德华·希特齐格撰写的《生平与遗产》,第 3 卷,斯图加特,1839 年,第 32 页起。

一个僻静的地方勤奋写作一两个星期……然后在伦敦待上一天,使我恢复一下,重新开始。但是,如果没有那盏神灯,日复一日的写作就是无尽的劳役……没有围绕在他们周围的人群,我的这些人物似乎就无法进展下去。”[①]波德莱尔喜欢批评可恨的布鲁塞尔。其中一点让他特别愤怒:“没有商店橱窗。漫游是许多具有想象力的民族都喜欢做的事情,在布鲁塞尔却不可能做。没有什么东西可看,街道没的可逛。”[②]波德莱尔喜欢孤独,但是他想要的是置身于人群中的孤独。

在爱伦·坡的小说中,随着情节展开,他让天色慢慢黑下来。他借助煤气灯光,在城市中游逛。如果没有煤气灯,让闲逛者充满幻想的那种成为“室内”的街道几乎不可能出现。最早的煤气灯就是在拱廊里设置的。在波德莱尔的童年时代,人们开始在露天使用煤气灯;旺多姆广场安装了莲花路灯。在拿破仑三世统治时期,巴黎的煤气路灯数量飞速增长。[③] 城市的安全度因此提高,夜里人们在街上也会觉得很安逸。同时,煤气路灯比高楼大厦更成功地把星空从大城市的背景中抹去。“我拉上窗帘遮挡太阳;现在它上床睡觉了,理应如此;从此我再也见不到其他光亮,只能见到煤气灯光。”[④]

---

① 弗朗兹·梅林:“查尔斯·狄更斯”,《新时代》,第30期(1911—1912年),第1卷,第621页。(《狄更斯书信集》,沃尔特·德克斯特编,第1卷:1832—1846年,伦敦,1938年,第782页)

② 波德莱尔:《作品集》,第2卷,第710页。

③ 参见马塞尔·波埃特、E.克鲁佐和G.昂里奥编:《第二帝国时期巴黎的改造》,巴黎,1910年,第65页。

④ 朱利安·勒默:《煤气灯下的巴黎》,巴黎,1861年,第10页。在波德莱尔的诗《黄昏》中也有同样的意象:天空慢慢合上,像一个巨大的卧房。(见钱春绮译《恶之花》,人民文学出版社,第236页)

煤气灯

月亮和星星已不值一提了。

在第二帝国的鼎盛时期，主要大街上的店铺在晚上10点钟以前是不会打烊的。这是夜间游荡的时代。德尔沃的《巴黎的时间》有一章专门论述午夜2时的巴黎：“人们可以随时休息一会儿；有停留场所和休息场所供人使用；但不可以睡觉。”[①]在日内瓦湖畔，狄更斯特别怀念热那亚，那里有街灯的街道加起来有两英里长，让他能够整夜在灯光下漫步。后来，当拱廊的消失使得游荡不再流行时，当汽灯不再被视为时髦之物时，对于沮丧地在空荡荡的柯尔伯拱廊里游逛的最后一位闲逛者来说，汽灯的明灭闪烁似乎仅仅暗示着火苗的担心：到了月底就无人为之承担费用了。[②] 正是在

① 德尔沃：《巴黎的时间》，巴黎，1866年，第206页。

② 见路易·弗约：《巴黎的气味》，巴黎，1914年，第182页。

那个时候，史蒂文森[1]写下对汽灯逝去的感怀。他特别玩味灯夫穿过街道、将灯逐个点燃的那种节奏。原先这种节奏是被笼罩四野的黄昏烘托着，现在与之形成反差的是一种粗暴的冲击：由于电灯的使用，整个城市突然灯火通明。“这种灯光本来应该只是用来照亮杀人犯和公共场所案犯，或者照亮疯人院的走廊。它是一种渲染恐怖的恐怖。”[2]有证据表明，史蒂文森在这份讣告中所表达的对汽灯的这种牧歌式观点，只不过是事过境迁后的感怀。前面提到的爱伦·坡的小说就是一个很好的例证。可能没有比它对这种汽灯的描写更怪异的了：“汽灯的光线最初很微弱，与奄奄一息的白昼进行着较量，现在终于大获全胜，给万物罩上一种闪烁不定的、艳丽俗气的光亮。一切都是既昏暗又辉煌——就像被比作德尔图良风格[3]的乌檀。”[4]爱伦·坡在另一处写道：“在房间里不允许使用汽灯。它那种闪烁摇曳的耀眼灯光让眼睛受不了。”

伦敦的人群就像他们头上的汽灯一样晦暗和模糊。不仅在夜晚“从洞穴中爬出来”的底层民众是这种情况。爱伦·坡还这样描写高级雇员：“他们都稍微有点谢顶，因为右耳长期夹笔杆，普遍有向外支棱的怪样。我注意到，他们总是用双手脱帽子和放帽子，他们戴着怀表，金表链不太长、样式庄重老派。”爱伦·坡在描述时并不追求任何直接的观察。小资产阶级属于人群的一部分，因此也

---

① 史蒂文森(Robert Louis Stevenson，1850—1894)，苏格兰小说家、诗人。——译者

② 史蒂文森：“为汽灯申诉”，《全集》，第25卷，伦敦，1924年，第132页。

③ 德尔图良(Quintus Septimius Florens Tertullian，生于150—160年间，卒于220—240年间)，早期基督教著作家。德尔图良喜用双关语。德尔图良风格指暧昧风格。——译者

④ 爱伦·坡：《人群中的人》，载《奇异故事集》，波德莱尔译，巴黎，1887年版。

被说成是千篇一律的，这种说法有些夸大。他们只是在外表上接近于整齐划一。他对人群运动的描写更令人惊讶。“行人中的很大一部分都有一种志得意满、公务在身的样子，似乎只想着如何冲出重围。他们皱着眉头，眼睛滴溜溜地转动。如果被其他行人碰撞了，他们绝不会表现出不耐烦，而是整理一下服装，继续匆匆赶路。也有为数不少的人在走路时显得不安，红着脸对自己嘟嘟囔囔，做着手势，仿佛在摩肩擦背的人流中感到孤独。当他们行路受阻时，会突然停止说话，但是手势反而加强了。他们在等待阻挡他们的人走开时，嘴角上挂着漫不经心的夸张微笑。如果他们被人碰撞，他们会对碰撞者频频点头鞠躬，显得非常窘迫不安。”有人会以为爱伦·坡说的是那些喝得半醉的倒霉蛋。其实，他说的是“上等人、生意人、律师、股票经纪人”[①]。这里包含的不仅仅是对这些阶层的心理分析。[②]

---

① 爱伦·坡：《人群中的人》。《雨天》一诗有一段与之相似的描述。尽管这首诗的署名是其他人，但可能是波德莱尔的作品（参见波德莱尔：《佚诗》，尤利乌斯·穆盖编，巴黎，1929 年）。这首诗最迟写于 1843 年，当时波德莱尔还不知道爱伦·坡，因此最后一节的手法与爱伦·坡引用德尔图良有相似之处，就愈加令人瞩目了。

在光滑的便道上与我们摩肩接踵的每一个人，
自私而野蛮，擦肩而过，溅污我们，
或者因为要跑得快些，把我们推到一边。
污泥、雨水、天空昏暗：
这是阴沉的以西结会梦见到的阴森景象。（第 1 卷，第 211 页）——原注
诗中“阴沉的以西结”，见《圣经·旧约·以西结书》，第 37 章。——译者

② 爱伦·坡：《人群中的人》。马克思心目中的美国看上去与爱伦·坡的描写大同小异。马克思强调美国的“物质生产所具有的狂热而充满青春活力的步伐”，并将此归因于“（那里）没有给予人们时间或机会来结束旧的幽灵世界”（《路易·波拿巴的雾月18 日》，见中文版《马克思恩格斯选集》，第 1 卷，第 612 页）。

塞尼费尔德[1]有一幅表现赌场的石版画。画中人物都不是按照惯常的方式进行赌博。每个人都表现出一种不同的情绪：一个人表现出不可抑制的快乐，另一个人则表现出对搭档的不信任，第三个人是彻底绝望的表情，第四个人摩拳擦掌，还有一个人则要与这个世界诀别。这幅版画的夸张表现使人想起爱伦·坡。当然，爱伦·坡的主题要更大些，他的手法也与他的主题相一致。他在这种描写中的大手笔体现在，他不是像塞尼费尔德那样通过不同的行为举止来表现人们在谋求个人利益时不可救药的孤独，而是用他们在服装和举止方面那种荒唐的整齐划一来表现这种孤独。被别人推挤还要不停道歉的那种奴相，表明爱伦·坡在这里所使用的手法源于何处。这些手法来自小丑表演的保留节目。爱伦·坡利用它们的方式类似于后来小丑们使用的方式。有个小丑在表演时明显地影射经济活动。他用那种生硬的动作既模仿机器如何推动物体，也模仿经济景气如何推动商品繁荣。爱伦·坡所描写的一部分人群的表现非常类似于"物质生产的狂热步伐"以及与之相伴的商业方式。游乐园把侏儒变成小丑，后来又装备了碰碰车及相关娱乐设施，这些在爱伦·坡的描写中都早已出现了。在他的小说中，人们仿佛除了条件反射外，无法通过其他任何方式来表达自己。这些情况看上去甚至更丧失人性，因为爱伦·坡只谈论人。如果人群被堵塞住，那不是因为车水马龙，他从来没有提到车辆交通。人群是被另外的人群所堵塞。在这种群体中，漫步的艺

---

① 塞尼费尔德（Aloys Senefelder，1771—1834），出生于布拉格的德国画家、石版印刷术的发明者。——译者

术不可能兴盛起来。

在波德莱尔生活的巴黎,情况还没有发展到这种地步。在后来建起大桥的地方,当时还有渡船往来于塞纳河两岸。到波德莱尔去世那一年,一个企业家还能用在全城环行的500辆花轿马车,来提供富人的舒适享受。闲逛者在拱廊里不会遇到不把行人放在眼里的轿车,因此拱廊一直被人们所称道。这里既有硬往人群里挤的行人,也有要求保留一臂间隔的空间,不愿意放弃那种悠闲绅士生活的闲逛者。他把悠闲表现为一种个性,是他对劳动分工把人变成片面技工的抗议。这也是对人们勤劳苦干的抗议。在1840年前后,一度流行带着乌龟在拱廊里散步。闲逛者喜欢跟着乌龟的速度散步。如果他们能够随心所欲,社会进步就不得不来适应这种节奏了。但是这种态度没有流行开来。鼓吹"消灭懒散"的泰勒①赢得了胜利。② 这未来的发展尚需时日,但有些人力图提前迎接它的到来。1857年,拉蒂耶在他的乌托邦作品《巴黎不存在了》中写道:"我们以前在便道上和商店橱窗前碰到的闲逛者,这些影子,这些探头探脑的人,这些总是寻找廉价情感的无足轻重的家伙,除了鹅卵石、出租马车和汽灯,什么也不知道……现在变成了农场主、葡萄酒商、亚麻制造商、制糖业主和钢铁大王。"③

这个"人群中的人"四处漫游,在很晚的时候走进了一个百货商店,商店里面还有很多顾客。他转来转去,好像对这一带非常熟

① 泰勒(Frederick Winslow Taylor, 1856—1915),美国发明家,工程师,被称作"管理科学之父"。——译者

② 见乔治·弗里德曼:《进步的危机》,巴黎,1936年,第76页。

③ 保罗·欧内斯特·德·拉蒂耶:《巴黎不存在了》,巴黎,1857年,第74页起。

悉。在爱伦·坡的时代有由数层楼组成的百货商店吗？这倒无关宏旨；爱伦·坡让他笔下的游逛者在这个市场里待上"大约一个半小时"。"他走进一家又一家店铺，不询问价格，也不说话，只是用一种茫然的目光盯着所有的商品。"如果说闲逛者把街道视为"室内"，拱廊是"室内"的古典形式，那么百货商店体现的是"室内"的败落。市场是闲逛者最后的去处。如果说最初他把街道变成了室内，那么现在这个室内变成了街道。他在商品的迷宫中转来转去，就像他先前在城市的迷宫中转来转去。爱伦·坡的小说除了有对闲逛者的最早描写，而且还给他的结局确定了模式。这是大手笔的体现。

于勒·拉福格[①]说，波德莱尔是第一个在谈论巴黎时"就像一个命定在这个首都里日复一日活受罪的人"。[②] 拉福格还应该说，波德莱尔也是第一个讨论鸦片能够给这种活受罪的人而且只给这种人以宽慰的人。人群不仅是不法之徒的最新藏身处，而且是社会弃民的最新麻醉剂。闲逛者就是被遗弃在人群中的人。在这一点上，他与商品的处境相同。他并没有意识到这种特殊处境，但是这丝毫没有减少这种处境对他的作用。这种处境使他沉浸于幸福之中，就像毒品能够补偿他的许多屈辱。闲逛者所陷入的那种陶醉一如商品陶醉于周围潮水般涌动的顾客中。

如果马克思偶尔开玩笑所说的商品的灵魂果真存在，[③]那么它可能是灵魂世界里最爱移情的，因为它将不得不把每一个人都

① 于勒·拉福格(Jules Laforgue，1860—1877)，法国诗人。——译者

② 于勒·拉福格：《遗著》，巴黎，1903年，第111页。

③ 见马克思：《资本论》，第1卷，第2章。

看成潜在买主，希望在他们的手中或房子里安身立命。移情乃是闲逛者投身人群时的那种陶醉的本质。“诗人享受着既是他自己又充当他觉得合适的某种人的那种无可比拟的特权。就像游魂寻找一个可以依附的肉体，他随时进入他想进入的另外一个角色。对他本人而言，一切都是开放的；如果某些地方对他关闭，那是由于在他心目中，这些地方不值得巡视。”[①]在这里，是商品本身在说话。是的，最后这些话准确地表明，商品对一个可怜虫会说些什么。这个可怜虫路过陈列着精美昂贵物品的橱窗，但这些物品不会对他感兴趣；它们不会对他移情。波德莱尔在意味深长的散文诗《人群》中用另外的说法表达了这种拜物教，他的敏感天性与之发生强烈的共鸣；对无生命物体的移情，是波德莱尔的一个灵感来源。[②]

波德莱尔非常熟悉麻醉品。但是，他可能没有注意到它们的一项最重要的社会效果。这就是瘾君子在毒品的作用下表现出来的那种魅力。商品在包围着它们、使它们陶醉的人群身上取得了

---

① 波德莱尔：《作品集》，第1卷，第420页起。

② 第二首《忧郁》是对这篇散文第一部分所汇集的情况的一个最重要的补充。在波德莱尔之前，几乎没有一个诗人能写出类似这样的诗句：“我是放满枯萎的玫瑰的旧日女客厅”（参见钱春绮译本，第182页）。这首诗完全基于对双重意义上的死亡物质的移情。这是无生命的物体，是在循环过程中被排除的物质。

活的物质啊，今后，你不过是一块
在多雾的撒哈拉沙漠深处沉睡，
被茫茫的恐怖所包围的花岗石！
不过是个不见知冷淡的人世、
古老的人面狮，在地图上被遗忘，
野性难驯，只会对夕阳之光歌唱。

（钱春绮译本，第183页）

这首诗以人面狮意象结尾，带有在拱廊可以看到的滞销品的那种黯淡之美。

同样的效果。市场把物品变成了商品，而顾客的集中造就了市场，增强了它们对一般买主的吸引力。当波德莱尔说到"大城市"的宗教陶醉状态时，[①]商品可能是这种状态的未指明的主体。此外，与"灵魂的神圣卖淫"相比，"人们所说的爱情十分渺小、极其有限和非常脆弱"，如果与爱情相比较还有意义的话，"灵魂的神圣卖淫"其实无异于商品—灵魂的卖淫。波德莱尔说道："灵魂的神圣卖淫是诗意地和仁爱地献身给不期而遇的人、路过的陌生人"。[②]妓女们为自己所要求的正是这种诗意和这种仁爱。她们试探了自由市场的秘密；在这方面，商品并没有超过她们。商品的某些魅力是以市场为基础的，而且同样变成了许多权力手段。波德莱尔的《黄昏时微弱的光》所记录的正是这种情况：

透过被晚风摇动的路灯微光，
卖淫在各条街巷里大显身手；
像蚁冢一样向四面打开出口；
它像企图偷袭的敌方的队伍，
到处都要辟一条隐匿的道路；
它在污浊的城市中心区蠢动，
像从人体上窃取饰物的蛆虫。[③]

只有混杂的居民大众才会使卖淫能够遍及城市的大部分区

① 波德莱尔：《作品集》，第2卷，第627页。
② 波德莱尔：《作品集》，第1卷，第421页。
③ 波德莱尔：《黄昏》，钱春绮译本，第237页。——译者

域。而且，只有混杂的大众才使这种性对象有可能陶醉于它所产生的千百种刺激之中。

并非所有的人都觉得大城市街道上的人群景象是令人陶醉的。在波德莱尔写出散文诗《人群》之前，恩格斯早就着手描写伦敦街道上熙熙攘攘的景象："像伦敦这样的城市，就是逛上几个钟头也看不到它的尽头，而且也遇不到表明接近开阔田野的些许征象——这样的城市是一个非常特别的东西。这种大规模的集中，250 万人口这样聚集在一个地方，使这 250 万人的力量增加了 100 倍……但是，为这一切付出了多大的代价，这只有在以后才看的清楚。只有在大街上挤上几天……才会开始察觉到，伦敦人为了创造充满他们城市的一切文明奇迹，不得不牺牲他们的人类本性的优良特点；才会察觉到，潜伏在他们每一个人身上的几百种力量都没有使用出来，而是被压制着……这种街道的拥挤中已经包含着某种丑恶的，违反人性的东西。难道这些群集在街头的代表着各阶级和各个等级的成千上万的人，不都具有同样的特质和能力，同样是渴求幸福的人吗？……可是他们彼此从身旁匆匆走过，好像他们之间没有任何共同的地方。好像他们彼此毫不相干，只在一点上建立了一种默契，就是行人必须在人行道上靠右边行走，以免阻碍迎面走来的人；谁对谁连看一眼也没想到，所有这些人越是聚集在一个小小的空间，每个人在追逐私人利益时的这种可怕的冷漠，这种不近人情的孤僻就愈使人难堪、愈是可怕。"①

① 恩格斯：《英国工人阶级状况》，《马克思恩格斯全集》，第 2 卷，人民出版社 1957 年版，第 303—304 页。——译者

闲逛者似乎不过是用借来的——假想的——陌生人的孤僻来填补自己心中因这种孤僻造成的空虚,从而打破这种"追逐私人利益时不近人情的孤僻"。继恩格斯清晰明确的描写之后,波德莱尔的描写听起来就模糊得多了:"置身人群的那种快乐是一种因数量倍增而愉悦的奇妙表达。"[1]但是,如果我们想象一下,这句话不仅出自某个人的角度,而且出自一种商品的角度说出来的,那么它的意思就变得清晰了。诚然,就作为劳动力的人是一种商品而言,并不需要他本人来认可这种情况。他对自己的生存状况、即生产体制强加给他的生存方式认识得越清楚,他越使自己无产阶级化,他就越感受到商品经济的逼人寒气,也就越发不会移情于商品。但是,波德莱尔所属的小资产阶级的情况还没有发展到这一地步。就我们讨论的这一时期而言,这个阶级只是刚刚开始衰落。终究有一天它的许多成员会被迫意识到自己劳动力的商品性质。但是这一天尚未到来;在此之前,可以这样说,他们就可以随意地打发他们的时间。事实上,他们所获得的至多是享乐,而绝不是权力,这就使得历史给予他们的那种时刻成为消磨时光的空当。凡是打算消磨时光的人都是追求享乐。但是,不言而喻,这个阶级越是想在这个社会里获得更多的享乐,这种享乐越是有限。如果这个阶级发现有可能来享受这个社会,那么可以预见的享乐就不那么有限了。如果他们想达到对这种享乐的高妙把握,他们就不能拒绝移情于商品。他们不得不玩味这种对所有欢乐和不安的认同——不安来自对自己阶级命运的预感。最后,他们不得不走近这种命

① 波德莱尔:《作品集》,第2卷,第626页。

运,甚至去感受破损和腐烂的商品所具有的魅力。波德莱尔就拥有这种感受力,在一首为一个交际花而做的诗里把她的心称作“像蜜桃受伤的心,跟肉体同样成熟,堪称谈情的圣手”。[①] 他是已经从这个社会退出一半的人,他把自己对这个社会的享受归因于这种感受力。

他以这种享受者的态度积极关注人群景观。这种景观最奥妙的魅力在于,虽然它会使他陶醉,但并没有蒙蔽他,没有使他无视可怕的社会现实。他始终清醒地意识到这一点,尽管只是类似于那些醉眼蒙眬的人们“还能”有现实意识。这就是为什么在波德莱尔笔下几乎从来没有通过直接呈现它的居民来表达大城市。雪莱通过直接而无情地刻画伦敦居民来把握伦敦,这种方式对于波德莱尔的巴黎来说并不适用。

> 像伦敦这样的城市就是地狱,
> 这个人口稠密、烟雾笼罩的城市;
> 这里有各种各样毁掉的人,
> 而且这里几乎或根本没有乐趣;
> 正义显示得不多,怜悯就更少了。[②]

对于闲逛者来说,这幅画面上罩着面纱。这层面纱就是大众;它在“古老都城的弯弯曲曲的褶皱”[③]中逶迤翻腾。由于它的缘

① 波德莱尔:《对虚幻之爱》,钱春绮译本,第246页。——译者

② 雪莱:《彼得·贝尔,第三部分》,《诗歌全集》,伦敦,1932年,第346页。

③ 《小老太婆》,钱春绮译本,第224页。——译者

故,恐怖的事物对他产生了迷人的效果。[①] 只有当面纱撕破,向闲逛者揭示出"一个熙熙攘攘的广场……在街垒战时变得空荡荡"时,[②]他才会看到这个大城市不被伪装时的模样。

如果需要说明在人群中的经验对波德莱尔的触动有多大,那么下面这个事实就是一个证据:他意欲在这种经验方面与雨果一争高下。波德莱尔很清楚,雨果的实力正在于此。他赞扬雨果身上的"审视的……诗意性格"。[③] 他说,雨果不仅懂得如何强烈鲜明地复制出清晰的事物,而且也能以必要的模糊再现原本就显得黯淡朦胧的事物。在《巴黎风光》中,有 3 首是献给雨果的。其中一首开篇就诉诸人头攒动的城市的印象:"熙熙攘攘的城市,充满梦幻的城市。"[④]另一首诗追随着一位老妇人在这座城市"熙熙攘攘的画面"[⑤]里穿行于人群之中。[⑥] 人群是抒情诗的一个新主题。革新者圣伯甫受到的一个赞赏是,对他来说"人群是不可忍受的",这完全符合一个诗人的身份。[⑦] 雨果在泽西流亡期间,让这个主题进入了诗歌。在沿着海边散步时,他形成了这个主题,这缘于他的创作灵感所需要的一个巨大反差。在雨果那里,人群是作为一

---

① 《小老太婆》,钱春绮译本,第 224 页。——译者

② 波德莱尔:《作品集》,第 2 卷,第 193 页。

③ 同上书,第 522 页。

④ 参见钱春绮译本,第 220 页。——译者

⑤ 钱春绮译本,第 226 页。——译者

⑥ 这三联诗的第三首《七个小老头》逐句仿照雨果的组诗《幽灵》第三首,凸显了他与雨果的竞争。由此可见,在波德莱尔最完美的一首诗与雨果最乏味的一首诗之间有一种呼应关系。

⑦ 圣伯甫:《慰藉,8 月随想》,巴黎,1863 年,第 125 页。(圣伯甫发布的这个说法出自法尔西夫人之口)

个思考对象进入文学的。波涛汹涌的大海是它的范型，而这位思考这种永恒景观的思想者乃是人群的真正探究者。他迷失在人群中，犹如迷失在大海的咆哮中一般。“孤独地站在峭壁上的流亡者，远眺那些受命运驱使的伟大国度，他把目光放低，探寻着这些民族的过去……他把自己和自己的命运融入风云变幻的事件；这些事件在他心中活了起来，而且与自然力量的生命交融在一起——与大海、嶙峋的岩石、变幻的云雾以及其他成为在大自然的陪伴下孤独、宁静生活一部分的高尚事物交融在一起。”[①]波德莱尔在议论雨果时说：“连大海也逐渐讨厌他了”；他用反讽的语调触及这个站在峭壁上的沉思者。波德莱尔无意于流连自然景观。他对人群的体验带有“心头的创痛和血肉之躯所承受的千百次打击”[②]的印记。这种体验是一个行人在城市的繁忙喧哗中所遭受到的，而且使他的自我意识愈加警觉（从根本上看，他把这种自我意识投射到游荡的商品上）。对于波德莱尔，人群从来不是那种能够把他的思想铅锤抛进世界深处的刺激因素。雨果则不同。雨果写道：“深处是人群”，[③]并因此给他的思想提供了广阔的空间。森林、动物世界和大海所体现的那种自然—超自然力量是以人群那种麇集形式震撼了雨果。在这些地方都会有大城市的形象在片刻中闪现。《沉思的癖好》提供了一个关于在生命的大千世界中麇集

① 胡戈·冯·霍夫曼施塔尔：《维克多·雨果的尝试》，慕尼黑，1925 年，第 49 页。

② 这是莎士比亚的《哈姆雷特》第 3 幕第 1 场那段著名台词“生存还是毁灭……”中的一句。——译者

③ 转引自加布里埃尔·布努尔：“维克多·雨果的深渊”，《尺度》，1936 年 7 月 15 日，第 39 页。

混杂状况的精彩看法。

> 在可怕的梦中,黑夜带着人群降临,
> 二者都变得越来越浓密;
> 是啊,在这些密不可测的地方,
> 人数越多,黑暗越重。①

再有:

> 无名的人群!混沌一片!声音、眼睛和脚步。
> 这些是谁都不曾见过的人,谁也不认识的人。
> 热火朝天!——城市嗡嗡让我们耳鸣
> 噪音超过了美洲森林,也超过了蜂群。②

大自然借助人群对城市行使着基本的权利。但是,以这种方式行使权利的不仅仅是大自然。在《悲惨世界》中有一段令人惊愕的描写,其中森林中发生的情况似乎是大众生存状态的原型:"刚才在这条街上发生的事情,如果发生在森林里,森林绝不至于吃惊。那些大树,那些丛林,那些灌木,那些相互纠结的树枝,高深的草丛,形成一种幽晦的环境。看不见的东西在浓密无垠的蠕蠕攒动中飞掠穿行。在人之下者在那里透过一层迷雾,看见了在人之

---

① 雨果:《全集·诗集卷2:东方人,秋叶》,巴黎,1880年,第365页。
② 雨果:《全集·诗集卷2:东方人,秋叶》,巴黎,1880年,第363页。

上者。”[1]这段描写包含着雨果对人群的特有体验。在人群里，在人之下的东西与在他之上并主宰着他的东西发生了联系。正是这种麇集混杂将其他所有的东西囊括进来。在雨果笔下，人群似乎是由无形的超自然力量给那些低于人的存在创造出来的一个双性怪胎。在雨果的人群概念所包含的那种幻象成分里，社会现实获得了较多的分量，甚至超过了他从政治角度给予人群的那种“现实主义”待遇。因为人群实际上是一种自然景观——如果可以把这个术语用于社会状况。一条街道、一场火灾、一场车祸就把人们聚在一起，而不是按照阶级路线来界定这些人。他们表现为具体的聚合，但是从社会角度看，也就是说，从他们孤立的私人利益看，他们依然是抽象的。他们的范型就是顾客。顾客各有自己的私人利益，但为了他们“共同的事业”聚集在市场上。在许多个案中，这种聚合只是一种统计学上的存在。这种存在掩盖着这些个案中真正可怕的事情：由于私人利益的偶然性而形成这种个体的聚集。但是如果关注一下这种聚集——极权主义国家为了达到它们的目的，把它们的依附者永久地和强制性地集中在一起——那么它们的双性特征就会表露无遗，对于被卷入的人来说尤其明显。市场经济的偶然性把他们聚集到一起，就像“命运”把一个“种族”再次聚集起来一样。而这些当事人则把这种偶然性说成合理性。在这样做的时候，他们让人的合群本能和反思行动二者都可以自由施展。处于西欧舞台前台的民族都熟悉雨果在人群中见到的那种超

---

① 雨果：《悲惨世界》，李丹译，人民出版社，第 4 部，第 8 卷，第 5 章，第 1261 页。——译者

自然力。诚然，雨果无法评价这种力量的历史意义。但是，这种力量以一种怪异的曲扭方式，以降神会记录方式在他的作品中留下了印记。

雨果与灵魂世界的接触，尽管看起来奇怪，但首先是与大众的接触。众所周知，灵魂世界对他在泽西的生活与创作都有深刻的影响。而诗人在流亡期间必然会思念大众。因为人群是灵魂世界的存在方式。例如，雨果首先把自己视为属于那些先辈天才伟大群体中的一个天才。在《威廉·莎士比亚》中，他把一页又一页的狂想曲，献给从摩西开始到雨果结束的思想伟人队列。但是，他们在已故的恒河沙数中仅仅是一个很小的群体。对于相信冥界的雨果来说，罗马人所说的"到多数人那里去"①不是一句空洞的表述。

作为夜晚的使者，亡灵是在很晚的时候来到最后的降神会上。雨果的泽西笔记保存了他们带来的信息："每一个伟大的人都致力于两项工作，一个是他作为一个活生生的人所创造的事功，还有一个是他的灵魂工程。一个活生生的人把自己奉献给第一项工作。但是在夜深人静的时候，灵魂-创造者——啊，可怕！——从他心中苏醒。什么？——这个人大喊——不是都完成了吗？不，灵魂回答道，起来。暴风雨正在发威，狗和狐狸在嚎叫，黑暗笼罩了一切，在上帝的鞭打下，大自然在颤抖和退缩……灵魂-创造者看到幽灵般的思想。词语如毛发耸立，句子则战栗不已……玻璃窗被霜雾遮蔽，灯光因恐惧而闪烁……当心，活着的人、世俗之人、你这个出自泥土的思想仆人。因为这是疯狂，这是坟墓，这是无限，这

① 古罗马表示"死亡"的说法，意即到已经故去的众多亡灵那里去。——译者

是幽灵般的思想。”[①]雨果在这里记录了在感受到那种看不见的力量时宇宙的战栗。这种战栗与在《忧郁》中征服波德莱尔的那种赤裸裸的恐怖[②]并不相同。再者说，波德莱尔对雨果的活动也不太理解。他说：“真正的文明并不存在于降神会的转桌上。”但是，雨果这里关心的不是文明。他在灵魂世界真正感到家园般自在。有人会说，对于一个不能避免恐怖的人类居所来说，这是一种冥冥之中的补充。雨果与幽灵的熟稔大大消除了它们的可怕性。这其中少不了唧唧歪歪，由此凸显了幽灵的凡庸性。夜游鬼魂所对应的是一些空无意义的抽象概念，也是在这个时代的诸多纪念碑上可以看到的有些匠心的形象。在泽西的记录资料中，除了混乱的声音外，还随时可以听到“戏剧”、“诗歌”、“文学”、“思想”之类的东西。

对于雨果来说，在灵魂世界里，一片片麇集着的——这也就使谜语更靠近谜底了——首先是公众。他的作品吸收了降神会转桌上的主题，这并不比他通常在转桌前创作他的作品更奇异。在流亡期间，灵界给予他慷慨的喝彩。这就让他预先尝到了晚年返回家园后等待他的无尽的喝彩。当他 70 岁生日时，首都居民涌向他在埃洛街的寓所，这意味着惊涛拍岸意象的实现，也意味着灵魂世界信息的实现。

说到底，晦暗模糊的大众存在也是维克多·雨果的革命思考的一个源泉。在《惩罚》中，解放的日子被描述为：

---

① 居斯塔夫·西蒙：《在维克多·雨果家里：泽西的降神会转桌》，巴黎，1923 年，第 306 页。

② 参见第 123 页注②。——译者

在那个日子,那些劫掠者、无数的暴君
将懂得,黑暗的最深处有人在搅动着。[①]

这种以人群为基础的被压迫大众观念能否有一种与之相符的可靠的革命判断?不管这种判断出自何处,这种观念难道不正是表明这种判断的局限性的鲜明证据吗?在1848年11月25日的议会辩论中,雨果抨击卡芬雅克对6月起义的野蛮镇压。但是此前在6月20日讨论"国家工场"时,他曾说:"君主制下有过懒汉,共和国现在也有二流子。"[②]雨果反映了当时流行的肤浅看法以及对未来的盲目信心,但是他对在大自然和人民的母体中孕育形成的生活不乏深刻的见解。雨果从未成功地在这二者之间搭起一座桥梁。他也不觉得搭建这种桥梁有什么必要,由此可以解释他的作品为什么那样虚夸和那样宏大,而且可以想见为什么他的生活和著述会对同时代人有那么大的影响。《悲惨世界》有一卷标题是《黑话》。在这一卷里,他个性中两个互相冲突的侧面令人瞩目地发生尖锐对抗。在对下层阶级的语言工场做了大胆的审视后,诗

① 雨果,前引书,《诗集·卷4:惩罚》,巴黎,1882年。

② 佩兰是下层波希米亚人的典型代表。他在自己的报纸《红色炮弹:和平争取人权俱乐部日报》上评论这篇演讲时写道:"雨果公民在国民议会首次登台表演。正如所料,他表明自己是一个演说家、行为艺术家,也是一个话痨。在他最近的狡诈的诽谤掩护下,他大谈懒汉、穷人、二流子、无业游民、革命的(暴君)御用军、(朝三暮四的)雇佣兵——总之,他含沙射影、指桑骂槐,最终以对国家工场的抨击收场。"(《日报》,第一年,6月22—24日)。在《第二共和国议会史》中,欧仁·斯皮勒写道:"维克多·雨果是凭借反动派的选票当选的……除了一两次无关紧要的情况,他总是投票支持右派。"(巴黎,1891年,第111、266页)

人得出结论:“自1789年以来,全体人民都以崇高化了的个体使自我得到发展。没有一个穷人不因获得了他的权利而兴高采烈。饿得快死的人也心怀法兰西的荣誉。公民的尊严是精神的支柱。谁有自由,谁就有了良知。谁有选举权,谁就是统治者。”[①]雨果是用一个成功的文学-政治生涯的经验来看待事物。他是第一个用群体名称作书名的伟大作家:《悲惨的人们》(即《悲惨世界》)、《海上劳工》。对于他,人群几乎就是古代意义上的门客群体,也就是他的读者大众,他的选民大众。总之,雨果不是闲逛者。

对于跟随雨果的人群和雨果所跟随的人群来说,根本不存在波德莱尔这样的人。但是,对于波德莱尔来说,这种人群的确存在。观看着他们,使得他每天都在探测自己沉沦的深度——而这可能并非他为什么寻找这种景观的重要原因之一。雨果的声誉激励了他那极度的虚荣心——后者似乎不时地爆发出来。但是雨果的政治信条,即公民信条可能更强烈地鞭策了他。大城市里乌合之众的状态不会使他惊慌失措。他从它们之中辨认出人群,希望能够成为他们的骨肉至亲。他在他们的头顶上挥舞着旗帜,上面写着“世俗、进步、民主”的字样。这面旗帜美化了大众的存在。它遮蔽了把个人与人群分开的门槛。波德莱尔守护着这道门槛,从而使他与雨果分道扬镳。但是,他与雨果也有相似之处,即他也没有看破在人群中形成的社会光环。因此他针对人群树立了一个典范,而这个典范与雨果的人群概念一样是未经批判的。这个典范

① 参见雨果:《悲惨世界》,李丹译,人民出版社,第4部,第7卷,第3章,第1232页。——译者

就是英雄。如果说雨果把人群颂扬为一部现代史诗中的英雄，那么波德莱尔则是为大城市乌合之众中的英雄寻找一个避难所。雨果把自己当作公民置身于人群之中；波德莱尔则把自己当作一个英雄而从人群中离析出来。

三、现代性

波德莱尔按照一种英雄的形象来塑造他心目中的艺术家形象。从一开始，二者就互为依托，相得益彰。他在《1845 年的沙龙》中写道："要想使作品，哪怕是二流作品带上独特的印记，也必须充分发挥意志力。这真的是一种宝贵的禀赋，并总会有所收获。观众会欣赏这种努力，他们的眼睛会吸吮这种汗水。"①翌年，他在《给文学青年的忠告》中做了一个精彩的概括，其中把"为未来的作品而执着思考"②当作灵感的保障。波德莱尔知道"灵感天然懒散"③；他说，缪塞④从来不晓得"让一部艺术品从白日梦里浮现出来"要费多少力气。⑤ 与之相反，他从一开始就带着自己的符码、规则和禁忌出现在公众面前。巴雷斯⑥宣称，他能够"从波德莱尔的每一个词句中辨认出帮助他达到如此伟大成就的辛劳痕迹"⑦。古尔蒙写道："即便是在神经濒临崩溃之时，波德莱尔也保持着某

---

① 波德莱尔：《作品集》，第 2 卷，第 26 页。

② 同上书，第 388 页。

③ 同上书，第 531 页。

④ 缪塞(Alfred de Musset，1810—1857)，法国浪漫派作家。——译者

⑤ 蒂博代：《室内》，巴黎，1924 年，第 15 页。

⑥ 巴雷斯(Maurice Barres，1862—1923)，法国作家、政治家。——译者

⑦ 转引自安德列·纪德："波德莱尔和法盖"，《新法兰西文学评论》，1910 年 11 月 1 日，第 513 页。

种健康的东西。”[①]象征主义作家卡恩给出了最恰当的概括。他说:“在波德莱尔那里,诗歌创作像一种体力劳动。”[②]这一点可鉴于他的作品,可鉴于一个值得仔细考察的隐喻。

这个隐喻就是剑客。波德莱尔喜欢使用这个隐喻,用格斗的特征来表现艺术的特征。当他描写他非常欣赏的康斯坦丁·居伊时,他捕捉住万籁俱寂时居伊的形象:居伊是如何站在那里“俯身在他的桌子上,聚精会神地审视着一张纸,就像他白天观察周围的对象;他是如何用他的细毛笔、鹅毛笔和粗毛笔左右劈杀,把杯子里的水溅到天花板上,在他的衬衣上试用鹅毛笔;他是如何急速而紧张地从事着他的工作,仿佛担心影像会逃脱掉;因此即便在他独自一人的时候,他也是斗志昂扬,而且要避开他自己的打击”[③]。在《太阳》这首诗的第一段,波德莱尔把自己描绘成正在苦练“奇异的剑术”,这可能是《恶之花》里唯一一处显示他从事诗歌创作的辛劳情况。每一位艺术家都要面临一种决斗,一种让他“在被击中之前惊恐地尖叫”的决斗。[④] 这种决斗被置于一种田园诗的构架下;它的暴力退隐到背景里,它的魅力将会得到人们的赏识。

沿着古老的市郊,那儿的破房

---

① 古尔蒙:《文学散步》,巴黎,1906年,第85页。古尔蒙(Remy de Gourmont,1858—1915),法国作家,象征主义评论家。——译者

② 波德莱尔:《我赤裸的心》,卡恩写的前言,巴黎,1909年,第6页。卡恩(Gustave Kahn,1859—1936),法国诗人,文学理论家。——译者

③ 波德莱尔:《作品集》,第2卷,第334页。

④ 转引自欧内斯特·雷诺:《夏尔·波德莱尔》,巴黎,1922年,第317页起。

居伊的作品

都拉下了暗藏春色的百叶窗，
当毒辣的太阳用一支支火箭
射向城市和郊野，屋顶和麦田，
我独自去练习我奇异的剑术，
向四面八方嗅寻偶然的韵律，
绊在字眼上，像绊在石子路上，
有时碰上了长久梦想的诗行。①

让这些写诗的经验在散文中也得到充分的体现，这是波德莱尔在他的散文体组诗《巴黎的忧郁》中所追求的目标之一。在把这个组诗献给《新闻报》主编阿尔塞纳·乌塞耶的献词中，波德莱尔除了表达这种目的外，还说明了这些经验的真正底蕴。"我们之中谁没有过那种雄心勃勃的时刻，没有梦想过一种散文诗的奇迹，那是一种没有节奏、没有韵律的音乐，轻快柔美、时断时续，恰好适应

① 波德莱尔:《太阳》，钱春绮译本，第209页。——译者

心灵的抒情颤动、梦幻的起伏波动、意识的突然跳跃?这种挥之不去的理想主要是大城市经验的产物,是与大城市繁复关系交错碰撞的产物。"①

如果有谁试着想象这种节奏,研究它的运作模式,那么就会发现,波德莱尔笔下的闲逛者并非如人们想象的那样是诗人的自画像。真实生活中的波德莱尔是一个潜心于创作的人。恍恍惚惚、心不在焉,是他的一个重要特点,而这个特点并没有进入闲逛者的画像。在闲逛者身上,观看的快乐占据了上风。这种快乐可能集中在观察上,其结果就是业余侦探。这种快乐也可能滞留在张口呆看的人身上,闲逛者就变成了看热闹的人。② 对大城市的揭露性呈现并不是出自这两种人,而是出自那些穿行于城市之中却心不在焉、或沉思默想、或忧心忡忡的人。诗中"奇异的剑术"这一意象用在他们身上是很合适的;波德莱尔可能想到了他们的种种境况,就是没有把他们视为看客。切斯特顿③在他撰写的《狄更斯》中用大师笔法描绘了这个在大城市中四处游荡却心有旁骛的人。查尔斯·狄更斯从童年就开始了这种游荡习惯。"每当他干完苦活儿后,他没有别的消遣,只会游荡。他转遍了半个伦敦。他是一

---

① 波德莱尔:《作品集》,第1卷,第405页起。

② "不要把闲逛者和看热闹的人混为一谈;应该注意其中的差异……单纯的闲逛者总是保留着全部个性,而看热闹的人身上没有个性。他的个性被外部世界吸收掉了……外部世界令他如醉如痴,以至他忘却了自己。看热闹的人被在呈现在他面前的景观所左右,变成了无个性的生物;他不再是一个个别人,而是组成了公众,组成了人群。"(维克多·富尔内尔:《巴黎街头见闻》,巴黎,1858年,第263页)

③ 切斯特顿(Gilbert Keith Chesterton, 1874—1936),英国作家、评论家。——译者

个好做梦的孩子，大部分时间是在想自己那些挺阴郁的前景……他在霍尔本街路灯下的暗处踽踽独行，在查林十字路口熬煎着内心……他不是要去'观察'，那是一种自命不凡的习惯；他不是通过观察查林十字路口来提高自己的思维，也不是用数霍尔本街上的路灯来练习自己的算术……狄更斯不是把这些地方印在自己的心里，而是把自己的心思印在这些地方。"[①]

波德莱尔在后半生常常不能像一个漫步者那样在巴黎街头走动。债主追逐着他，疾病困扰着他，他与情妇的关系也有问题。这些烦心事给他造成了惊吓，他千方百计地想避开这些烦扰。这一切都被诗人波德莱尔用诗的形式曲折地加以再现。用击剑意象来了解波德莱尔诗歌创作的辛劳，也就意味着要学会把这些诗理解为连续不断的即兴小品系列。他的诗作一改再改，这显示了他是如何不停地在工作，哪怕是最细微之处，他也呕心沥血，反复推敲。许多次他会在巴黎街角突然想到他的诗歌创作中的难题，但是这并不总是他所情愿的。在他文人生涯的前期，当他住在皮莫当旅馆时，他的朋友都佩服他能够把一切工作痕迹，首先是书桌，从房间里清除出去。[②] 在那些日子里，用象征的说法说，他出发去攻占

---

① 切斯特顿：《狄更斯》，巴黎，1927 年，第 30 页（纽约，1906 年，第 45—46 页）。

② 波德莱尔年轻时的朋友普拉龙在回忆 1845 年前后的情况时写道："我们很少用书桌来思考和写作。"他提到波德莱尔时说："我个人更经常地看到他是在上街的匆匆来回之中构思他的诗句；我没有见过他在一叠纸前枯坐着。"（转引自阿尔方斯·塞歇：《恶之花的生命》，巴黎，1928 年，第 84 页）。邦维尔也有关于皮莫当旅馆的类似描述："我第一次到那里，没有看到百科全书，没有看到书房，甚至没有看到书桌。那儿也没有餐具柜，没有餐厅，没有任何类似中产阶级公寓的家装设备。"（泰奥多尔·德·邦维尔：《我的回忆》，巴黎，1882 年，第 82 页）

街巷。后来,当他一点点抛弃他的资产阶级生存状态时,街头也逐渐成为他的庇护所。但是,他在游荡时,从一开始就意识到这种生存状态的脆弱性。于是这种游荡把困苦挣扎变成一种美德,以此展现了一种从任何方面看都是波德莱尔的英雄概念所特有的结构。

这里被掩饰着的困苦挣扎不仅仅是物质方面的;它也牵涉诗歌创作。波德莱尔的经验狭隘单调,他的思想断裂跳跃,他的容貌中凝结着不安神情,这些都表明他缺少由渊博知识和宏大历史感提供的那种思想储备。"波德莱尔作为一个作家有很大的缺陷,他本人没有意识到这种缺陷:他其实很无知。对他所知道的东西,他十分精通,但是他知道的东西微乎其微。他始终不熟悉历史、生理研究、考古学和哲学……他对外部世界几乎毫无兴趣;他可能意识到它的存在,但是他肯定不去研究它。"[①]面对诸如此类的批评,[②]人们或许会很自然地、也是很正当地强调,对于一个正在创作的诗人来说,有所不能乃是必要和有益的;对于一切创造来说,特色乃是最根本的。但是,问题也有另外一面,因为这样说会促成用某种原则,即"创造"原则,来苛求生产者。这种苛求极其危险,因为它在恭维创作者的自尊的同时,也在有效地捍卫着与他敌对的社会秩序的利益。波希米亚人的生活方式也有助于制造一种对创造性的迷信。针对这种迷信,马克思提出了一种对脑力劳动和体力劳动同样适用的观点。《哥达纲领》草案的第一句是:"劳动是一切财

① 马克西姆·迪康:《文坛回忆》,第2卷,巴黎,1906年,第65页。

② 参见乔治·兰西:《文坛肖像》,布鲁塞尔,1907年,第65页。

富和一切文化的源泉。”马克思针锋相对地写了一段评注:“资产者有很充分的理由硬给劳动加上一种超自然的创造力,因为正是由于劳动的自然制约性产生出如下情况:一个除自己的劳动力以外没有任何其他财产的人,在任何社会的和文化的状态中,都不得不为另一些已经成了劳动的物质条件的所有者的人做奴隶。”①波德莱尔几乎没有什么脑力劳动的物质条件。从一批私人藏书到一间寓所,没有一样东西是他无须白手起家的。无论在巴黎,还是在外省,他的生活同样是不稳定的。1853 年 12 月 26 日,他在给母亲的信中写道:“我已经在很大程度上习惯了物质生活的困苦。我非常善于用两件衬衫来对付破裤子和漏风的夹克,我也能老练地用草甚至纸来堵鞋子的破洞。精神痛苦几乎是我唯一感觉受到的苦难。但是,我必须承认,我不能做突然的动作,也不能走太多的路,因为我担心会把我的衣服撕扯得更破烂。”②在波德莱尔用英雄意象加以美化的种种经验中,这类经验是最不模糊的。

在此前后,被剥夺者也在另一个地方,以反讽的形式作为英雄出现。这是在马克思的著作里。马克思在论及关于拿破仑一世的种种观念时候写道:“最后,‘拿破仑观念’登峰造极的一点,就是军队的优势地位。军队是耕种小块土地的农民转变为英雄的光荣顶峰。”但是,现在,在拿破仑三世手下军队“不再是农民青年的精华,而是农民流氓无产阶级的败类了。军队大部分都是些替代品……

① 《马克思恩格斯选集》,第 3 卷,人民出版社 1995 年版,第 298 页。
② 波德莱尔:《给母亲的信札》,巴黎,1926 年,第 44 页。

正如第二个波拿巴本人只是一个替代品,是拿破仑的替代品”。[①] 如果我们从这种形象转回到战斗的诗人形象,我们会发现有时在这个形象上还叠加着另一个形象。这个形象就是劫掠者,即在乡间四处流窜、以其他方式“格斗”的士兵。[②] 但是,最重要的是,波德莱尔的两行带有不明显的切音的诗句更不同凡响地回荡在马克思提到的社会真空区域(socially empty space)。它们是组诗《小老太婆》第3首第2段的结束句。普鲁斯特曾这样来评论它们:“要超越它们似乎是不可能的。”[③]

啊,我曾几次跟在小老太婆的身后
其中的一位,有一次,当西下的夕阳
用它流血的创伤把天空染红的时候,
她沉思地,独自离开,坐在长凳上,

听那有时涌进我们花园里的军乐队

① 马克思:《路易·波拿巴的雾月十八日》。参见《马克思恩格斯选集》中文版,第1卷,第698页。译文略有改动。——译者

② 参见诗句:“对于你,年迈的劫掠者,/爱情已没有滋味,也不想跟人争辩”(《虚无的滋味》,见钱译本,第190页。译文略有不同。——译者)。在大量的、非常单调的波德莱尔研究文献中,有少数令人反感的现象。彼得·克拉森写的书是其中之一。这本书是用格奥尔格圈子的歪曲术语写成的,把波德莱尔描绘成头戴钢盔的形象。这本书的一个特点是,把教权主义复辟置于波德莱尔生活的中心——也就是说,最重大的时刻是那个“本着恢复君权神授的精神、由金戈铁马的军队护卫着圣物行进在巴黎街道上(的时刻)。这可能是他一生中的一次决定性体验,因为这影响到了他的本质”(彼得·克拉森:《波德莱尔》,魏玛,1931年,第9页)。可是,波德莱尔当时才6岁。

③ 马赛尔·普鲁斯特:《谈谈波德莱尔》,载《新法兰西文学评论》,第16期,1921年,6月1日,第646页。

为我们举行丰富的铜管乐器演奏，
在振奋人的金色傍晚，这种音乐会
把某种英雄主义注入市民的心头。[1]

由贫困农民的子弟组成的铜管乐队给城市的贫穷居民演奏他们的乐曲。他们所体现的英雄主义羞怯地用“某种”这个词掩盖其破败性质。这种英雄主义在这种姿态中是真实的，而且是这个社会还能产生出来的唯一一种英雄主义。对于它的英雄们心中涌动的任何一种情感，在聚集于军乐队周围的小人物心中不会没有容纳的可能。

公园——诗人用的是“我们的花园”——是向城市居民开放的，但城市居民渴望着那些封闭的大花园却不得而入。到这些公园来的人不完全是在闲逛者周围涌来涌去的人群。波德莱尔在1851年写道：“不管属于哪个党派，人们都不能不被这种景观所震惊：这个病容满面的群体吞噬着工厂的烟尘，呼吸着棉花的花絮，让铅白、水银以及生产人间杰作所需的种种毒药都渗透进自己的身体里……这是一个衰弱憔悴的群体，但地球上的奇迹应归功于他们；这些人感受到紫色的[2]和澎湃的血液在他们的血管中流动着，这些人长久地、充满忧愁地注视着大花园里的光影。”[3]这个居民群体就是英雄的身影借以凸现出来的背景。波德莱尔用自己的方式为这样呈现

① 波德莱尔：《小老太婆》，见钱春绮译本，第227—228页。最后一句译文略有不同。——译者

② “紫色的”又有“高贵的”含义。——译者

③ 波德莱尔：《作品集》，第2卷，第408页。

的画面配上文字说明。他在它下面写的是“现代性”。

英雄是现代性的真正主体。换言之,过一种现代生活,需要有一种英雄素质。这也是巴尔扎克的观点。巴尔扎克和波德莱尔都因怀着这种信念而反对浪漫主义。他们颂扬激情和刚毅,而浪漫主义美化克制和屈服。但是,与讲故事的人[①]相比,在诗人[②]那里,观察事物的新方式要更加丰富多样。从两个不同的比喻就能看出这一点。他们二者都是通过英雄的现代表现来让读者认识英雄。在巴尔扎克笔下,角斗士变成了旅行推销员。大名鼎鼎的旅行推销员戈迪萨尔准备到土伦去大干一番。巴尔扎克描写了他的准备工作,然后忍不住插嘴惊呼:“多棒的竞技者!多棒的竞技场!还有多么了不起的武器:他,世界,还有他那三寸不烂之舌!”[③]相反,波德莱尔则在无产阶级身上看到了奴隶角斗士的影子。在《酒魂》一诗中,酒魂对被剥夺者做出许诺,第5段是这样说的:

> 我将使你的女人高兴得眼目生辉,
> 使你的儿子容光焕发,精神抖擞,
> 对这种跟生活较量的脆弱竞技者,
> 我将做增强角力者的肌肉的香油。[④]

工薪劳动者在日常工作中所取得的业绩,并不逊于在古代

---

① 指巴尔扎克。——译者
② 指波德莱尔。——译者
③ 巴尔扎克:《大名鼎鼎的戈迪萨尔》,巴黎,1892年,第5页。
④ 波德莱尔:《酒魂》,见钱春绮译本,第262页。译文略有不同。——译者

使角斗士赢得喝彩和荣誉的业绩。这个意象是波德莱尔最深刻的见解之一;它出自于波德莱尔对自身境况的反思。《1859年的沙龙》中有一段话,表明他多么希望对此做出审视:“当我听到人们赞扬拉斐尔或韦罗内塞[①]之类的人物却暗含着对后人的贬低时……我就问自己,一项至少被视为与他们相当的成就,由于它是在一个充满敌意的环境和地方取得的,是否应该受到无限的更多称赞。”[②]波德莱尔喜欢把他的论点生硬地安在行文之中,仿佛置之于一种巴洛克式照明之下。他在理论上善于把这些论点之间本来存在的联系变得模糊不清,在此也得到了体现。而这种晦涩的段落几乎总是能够用他的书信来阐明。即使不采用这种办法,我们也可能辨认出1859年的上述论述与他十多年前写的一段特别奇怪的论述之间存在着清晰的联系。下面的思考链条将能重建这种联系。

现代性给人的自然创造冲动造成的阻力,远非个人所能抗拒。因此,如果谁感到倦怠而用死亡来逃避,那也是可以理解的。现代性应该置于自杀这个标记之下。自杀这种行为是那种绝不向敌对精神让步的英雄意志的印证。自杀不是屈从,而是一种英雄的激情。这正是现代性在激情领域里的成就。[③] 自杀以现代生活的特殊激情这种形式出现在探讨现代性理论的经典段落中。古代英雄

① 韦罗内塞(Paolo Veronese,1528—1588),16世纪威尼斯画家。——译者

② 波德莱尔:《作品集》,第2卷,第239页。

③ 后来尼采也从类似的角度审视自杀:“人们怎样指责基督教都不过分,因为它……总是通过反对虚无主义行为,即自杀……来贬低一种……可能正在进行之中的大清洗的虚无主义运动的价值”(尼采:《全集》,第3卷,施莱克塔编,慕尼黑,1956年,第792页)。

的自杀成为一种例外。"除了奥埃塔山上的赫拉克勒斯、乌提卡的加图和克利奥帕特拉[①]……在古代记载中何处还能找到自杀的例子?"[②]这倒不是说波德莱尔能够在现代记载中找到了这种例子;接着上面这句话,他提到卢梭和巴尔扎克,可这也太勉强了。但是,现代性的确随时备有供这种展示用的原料。它等待着能够利用它的人出现。这种原料就储存在已经变成了现代性基础的那个阶层那里。最初关于现代性理论的笔记是在1845年写的。那一时期,劳工大众开始熟悉自杀观念。"人们都在争抢一张石版画的印刷品,上面刻画了一个因对谋生绝望而自杀的英国工人。甚至有一个工人来到欧仁·苏的住所,在那里悬梁自尽。他手中有一张纸条,上面写道:'如果死在一个支持我们、爱我们的人的屋檐下,我想,那会让我更轻松一些。'"[③]1841年,一个名叫阿道夫·布瓦耶的印刷工写了一本书,书名是《工人状况和劳工组织对它的改善》。这本书表明了一种温和的努力,即振兴流动工人的旧式组织,坚持工人协会的行会传统。他的努力并不成功。作者绝望自杀,并且在一封公开信中怂恿他的不幸伙伴步自己的后尘。一些像波德莱尔这样的人会把自杀视为反动时代城市中的病态大众唯一能做出的英雄行为。他也许把他所赞赏的雷泰尔[④]的《死神》视

① 赫拉克勒斯(Heracles),希腊神话中的大力士,又译"海格立斯"。小加图(Cato,公元前95—前46),古罗马的贵族领袖,在乌提卡自杀。克利奥帕特拉(Cleopatra,公元前69—30),埃及王后。——译者

② 波德莱尔:《作品集》,第2卷,第133页。

③ 夏尔·伯努瓦:"1848年的人",《两世界评论》,1914年2月1日,第667页。

④ 雷泰尔(Alfred Rethel,1816—1859),以历史和《圣经》为题材的德国画家。最著名的作品是木刻讽刺组画《死神舞蹈》。——译者

《死神舞蹈》

为一个站在画架前的敏锐艺术家在画布上刻画各种自杀者死亡方式的成果。至于说到这幅画面的色彩,是当时的时尚给它提供了调色板。

在七月王朝时期,黑色和灰色开始成为人们服装的基调。波德莱尔在《1845 年的沙龙》一文中非常关注这一情况。在他这第一部作品的结尾,他写道:“画家,真正的画家将比其他人更能从现代日常生活中汲取其史诗特征,能够用线条和色彩来教我们懂得这些穿黑漆皮鞋、扎领带的人是多么伟大和富有诗意。祝愿真正的开拓者们明年能够给我们带来高雅的快乐,让我们能够庆贺真正新事物的出现。”①一年后,他写道:“说到服装,即现代英雄的包装……它不是具有它特有的美丽和魅力吗?……

① 波德莱尔:《作品集》,第 2 卷,第 54 页起。

这不正是我们这个苦难时代所需要的那种服装吗？它那又瘦又窄的黑色肩头不正象征着经常吊丧吗？黑色套装和双排扣长礼服不仅具有体现普遍平等的政治之美，而且具有体现公共精神的诗意之美——一个无限庞大的送葬者队伍：政治的送葬者、爱情的送葬者、资产阶级的送葬者。我们大家都亲历过某种葬礼。令人绝望的一成不变的制服就是平等的证明……衣料的褶皱做出鬼脸，像蛇一样散落在腐烂身躯的周围，这些褶皱里不就包含着它们的神秘魅力吗？"[①]这些心理意象也属于他的十四行诗中穿丧服的"交臂而过的妇女"施加于诗人的那种深度迷惑的一部分。这篇文章写于1846年，最后的结论是："因此，《伊利亚特》中的英雄比不上你们，伏脱冷、拉斯蒂涅、皮罗托，比不上你丰塔纳雷[②]——你穿着用铁箍扣紧的可怕的燕尾服，我们大家也都穿这种燕尾服，你不敢告诉公众自己经历了什么——也比不上你，巴尔扎克，你是用你的想象力所创造的所有人物中最奇特、最浪漫、最富有诗意的人。"[③]

15年后，德国南方的民主主义者弗里德里希·特奥多尔·菲舍尔[④]写文章批评当时的男士时装。他的见解与波德莱尔很相似。但是，二者的侧重点有所不同。在波德莱尔那里给现代性图景提供晦暗色彩的东西，在菲舍尔那里成为政治斗争中的一个闪

① 波德莱尔：《作品集》，第2卷，第134页。

② 伏脱冷、拉斯蒂涅、皮罗托是巴尔扎克小说中的人物，丰塔纳雷是巴尔扎克戏剧中的人物。——译者

③ 波德莱尔：《作品集》，第2卷，第136页。

④ 菲舍尔(Friedrich Theodor Vischer，1807—1887)，德国艺术哲学家。——译者

闪发亮的论据。在反思1850年后猖獗一时的反动潮流时，菲舍尔写道："显示一个人的本色会被视为滑稽可笑，而清洁整齐又被视为幼稚。那么怎能让服装既不色彩单调，又不松不紧呢？"[①]两极相通；菲舍尔用隐喻所表达的政治批判与波德莱尔早先的意象相互重叠。波德莱尔的十四行诗《信天翁》是一次海外旅行的产物。人们本来希望，这次旅行会让年轻的诗人浪子回头。在这首诗中，波德莱尔在这些海鸟身上看到了自己的影子。他描写了当海员们把信天翁放到甲板上后它们笨拙的样子：

> 海员刚把它们放在甲板上面，
> 这些笨拙而羞怯的碧空之王，
> 就把又大又白的翅膀，多么可怜，
> 双桨一样垂在它们的身旁。
>
> 这插翅的旅客，多么怯弱发呆！[②]

菲舍尔则是这样描写能够遮住手腕的上衣宽大袖子："它们不再是手臂，而是退化了的翅膀，是企鹅翅膀的残根，是鱼的残鳍。当人们行走时，两个不成形的肢体摆动着，就像又蠢又笨地做手势，推来推去，划来划去。"[③]相同的见解，相同的意象。

波德莱尔不否认现代性的额头上烙着该隐的记号，他对现

① 菲舍尔：《对当前时尚的理性思考》，斯图加特，1861年，第117页。
② 波德莱尔：《信天翁》，钱春绮译本，第15页。——译者
③ 菲舍尔，前引书，第134页起。

代性的容貌做了如下更清晰的界定:"在那些关注实际现代题材的作家中,多数人满足于被认可的官方的题材,满足于我们的胜利和我们的政治英雄主义。他们之所以这样做,并不那么情愿,只是因为政府命令他们这样做并且付给他们报酬。但是,私人生活也有一些更富于英雄主义的题材。不仅高雅时髦生活的景象,而且大城市底层罪犯和姘妇所过的千百种不正常生活的景象——《判决公报》和《箴言报》表明,我们只需要睁大眼睛,就能辨认出我们自己的英雄主义。"[①]这里的英雄意象也把巴黎的流氓包括在内。他体现了布努尔在波德莱尔的孤独处境中发现的特征——"一种'不要碰我'[②],一种对个人差异的保护。"[③]流氓公开唾弃道德和法律;他永远中止了"社会契约"。因此,他相信,有一个世界能把他与资产者市民分隔开,而且他在资产者身上没有辨认出雨果不久后在《惩罚》中以震撼人心的力量所描写的同谋特征。的确,波德莱尔的那些幻象注定具有大得多的持久力。它们奠定了描写流氓现象的诗歌,而且促成了一种80多年经久不衰的文体。波德莱尔是开创这一支脉的第一人。爱伦·坡笔下的英雄不是罪犯,而是侦探。巴尔扎克本人只熟悉这个社会的伟大外来者。伏脱冷饱经大起大落的沧桑;他的生涯与巴尔扎克笔下所有的英雄大同小异。一个罪犯的生涯与其他所有罪犯的生涯别无二

---

① 波德莱尔:《作品集》,第2卷,第134页起。

② "不要碰我"(noli me tangere),这是耶稣从墓中复活时对抹大拉的马利亚所说的话,见《新约·约翰福音》,第20章。这句话又译为"禁止接触"。——译者

③ 布努尔:"维克多·雨果的深渊",《尺度》,1936年7月15日,第40页。

“黑猫”歌舞酒馆

致。费拉古[①]也有宏图大志，制订了许多计划；他属于烧炭党人那种类型。在波德莱尔之前，流氓的全部生活局限于社会和这座大城市的某些区域，在文学中没有一席之地。在《恶之花》中，关于这一题材的最惊人的描写《凶手的酒》，成为一种巴黎风格的起点。“黑猫”歌舞酒馆成为它的“艺术总部”。“过路人，来点现代”是其早期英雄时代的座右铭。

诗人们在街头发现了这种社会渣滓，从这种社会渣滓那里汲取了英雄题材。这意味着，一种普遍的类型实际上覆盖了他们光彩照人的类型。这种新类型渗透着波德莱尔一再关注的拾垃圾者

① 费拉古(Ferragus)，巴尔扎克小说中的人物。——译者

的特征。在写《拾垃圾者的酒》一年前,他发表了一篇描述这类人的散文:"我们这里有一个人,他不得不收集这个都市前一天的垃圾。凡是这个大城市抛弃的东西,凡是它丢失的东西,凡是它唾弃的东西,凡是它践踏的东西,他都加以编目和收集。他核对骄奢淫逸的流水账,整理废物的堆放处。他对所有的东西分门别类并做出明智的选择。就像一个吝啬鬼守护着一个宝库那样,他收集着各种垃圾。那些垃圾将会在工业女神大嘴的吞吐中成为有用的或令人满意的物品。"[①]这段描写是以波德莱尔的精神对诗人工作的一个夸张隐喻。拾垃圾者和诗人——二者都与垃圾有关,二者都是在市民们酣然沉睡时孤独地忙活自己的行当,甚至连姿势都是一样的。纳达尔[②]曾经提到波德莱尔的"时急时停的步态"。[③] 这是在城市里游荡、寻找韵律的诗人的步态;这也是拾垃圾者的步态:他一路不时地停下来,捡起所碰到的垃圾。有许多迹象表明,波德莱尔内心里希望揭示这种联系。不管怎么说,这里包含着一种预言。60 年后,在阿波里耐[④]的笔下出现了一个沦落为拾垃圾者的诗人弟兄。他就是"被谋杀的诗人"克罗尼亚曼塔尔。他是一场旨在消灭全世界抒情诗人的大屠杀的第一个牺牲者。

描写流氓现象的诗歌是以一种含混的色调出现的。究竟是这

---

① 波德莱尔:《作品集》,第 1 卷,第 249 页起。

② 纳达尔(Felix Tournachon Nadar,1820—1910),法国文学家、画家、摄影师。——译者

③ 转引自菲尔曼·马亚尔:《知识分子的城市》,巴黎,1905 年,第 362 页。

④ 阿波里耐(Guillaume Apollinaire,1880—1918),法国诗人。这里论及他的小说《被谋杀的诗人》。书中诗人克罗尼亚曼塔尔死于一群仇恨诗人的暴徒之手。——译者

种社会渣滓提供了大城市的英雄，还是用这种材料创造了自己作品的诗人才是英雄？[①] 现代性理论对二者都予以承认。但是，在后来的一首诗《伊卡洛斯[②]的悲叹》中，饱经风霜的波德莱尔显示，他不再与他年轻时从中寻找英雄身影的那种人休戚与共了：

> 去做妓女们的情人
> 都很幸福、舒适、满意；
> 而我，却折断了手臂，
> 为了曾去拥抱白云。[③]

正如诗的标题所显示的，诗人是古代英雄的替身，但是他不得不让位给由《判决公报》披露其劣迹的现代英雄。[④] 实际上，这种屈从早就深藏在现代英雄的概念之中。他注定在劫难逃，而且不需要悲剧作家出来阐明这种没落的必然性。但是，一旦现代性得到了应得的东西，它的时代也就过去了。那时，它将接受检验。在它终结之后，它是否能够变成古典，也将被证实。

波德莱尔一直意识到这个问题。当他希望自己的作品有朝一

① 波德莱尔有很长一段时间想用这种背景来创作小说。在他的遗稿中就有这种计划的痕迹，留下一些小说标题：《一个怪物的教训》、《养情妇的人》、《不正经的女人》。

② 伊卡洛斯(Icare)是希腊神话人物。——译者

③ 波德莱尔：《伊卡洛斯的悲叹》，钱春绮译本，第 398 页。——译者

④ 七八十年后，皮条客与文人之间的冲撞再次激烈起来。当作家们被逐出德国时，一个关于豪斯特·威塞尔的传说进入了德国文学。——原注
豪斯特·威塞尔是纳粹的一个“烈士”。他写的一首颂扬纳粹的歌曲，成为第三帝国最流行的歌曲。——译者

日能够像古代作家的作品那样被人阅读时,他已经体会到古人对永垂不朽的追求。"所有的现代性都值得有朝一日变成古典"[①]——对于他来说,这规定了艺术家的基本使命。卡恩非常机敏地注意到波德莱尔身上有一种"在寄寓抒情的天性驱使下拒绝机遇"的倾向。[②] 对那种使命的自觉使他对机遇满不在乎。在他身处的那个时代,最接近古代英雄的任务的,最接近赫拉克勒斯的"功绩"的,莫过于时代赋予他而他也心甘情愿承担的任务:阐明现代性。

在现代性所涉及的所有关系中,它与古典古代的关系最为突出。对于波德莱尔来说,这一点可见于雨果的作品。"命运引导着他……把古典颂诗和古典悲剧改造成……我们通过他才见识到的那种诗歌和戏剧。"[③]现代性标明了一个时代,它也意指那些在这个时代发挥作用、使这个时代接近于古代的能量。波德莱尔只是在少数几次场合很勉强地承认雨果具有这种能量。相反,在他看来,瓦格纳才体现了这种能量无所限制、纯粹地道的喷发。"如果说在选择题材和戏剧手段方面,瓦格纳接近古典古代,那么他那富于激情的表达力则使他成为当下最重要的现代性代表。"[④]这句话十分简约地概括了波德莱尔的现代艺术理论。在他看来,古典古代的特质仅限于结构,而作品的内容和灵感是现代的关注所在。"谁要是在研究古代时不研究纯艺术、逻辑和一般方法,而

① 波德莱尔:《作品集》,第2卷,第336页。

② 卡恩,前引书,第15页。

③ 波德莱尔:《作品集》,第2卷,第580页。

④ 同上书,第508页。

是研究其他方面,他就太可悲了。他过分沉溺于古代,就失去了机遇给予他的种种特权。"[①]在那篇论居伊的文章的最后一段,波德莱尔写道:"他到处寻找我们当前生活中转瞬即逝的美好,即我们可以称作现代性的那种东西。"[②]他的理论以概括的形式表达如下:"一种稳定不变的因素……和一种相对的、有限的因素共同创造出美……后一种因素是由时代、时尚、道德和情绪提供的。没有第二种因素……第一种因素也不可能被吸收。"[③]没有人会说这是一种深刻的分析。

在波德莱尔的现代性观念中,现代艺术理论是最薄弱的环节。他的一般观念引出了现代主题;他的艺术理论本来可能会关注古典艺术,但是波德莱尔从来没有这方面的尝试。他的理论没有说明在他的作品中表现为天然和纯真的丧失的那种放弃。这个理论乃至其表述都依赖于爱伦·坡,这一点正是其局限性的体现。其争辩态度是另一个体现。它反抗历史主义的灰暗潮流,反对因维耶曼和库赞的倡导而流行的学院派亚历山大主义[④]。波德莱尔艺术理论中的美学思考丝毫没有呈现现代性与古典古代的相互贯通,而这在《恶之花》中的一些诗里却有所体现。

在这些诗中,《天鹅》最为重要。它当然是一个寓言。这个变动不居的城市越来越僵化。它变得像玻璃那样易碎而透明——即

① 波德莱尔:《作品集》,第2卷,第337页。

② 同上书,第363页。

③ 同上书,第26页。

④ 维耶曼(Abel Francois Villemain, 1790—1870),法国政治家和文人。库赞(Victor Cousin,1792—1867),法国教育改革家、哲学家、历史学家。亚历山大主义(Alexandrinism),认为词语仅仅是上帝在世俗的闪光。——译者

就其意义而言——"城市的样子/比人心变得更快,真是令人悲伤!"[1]巴黎的身骨十分脆弱;它周围被脆弱的象征包围着——现实的生命(女黑人和天鹅)和历史形象(安德洛马克、"赫克托耳的遗孀和赫勒诺斯的妻子")。[2] 他们的共同特征是为过去悲伤、对未来绝望。归根结底,这种惨淡构成了现代性与古典之间最紧密的联系。在《恶之花》中凡是出现巴黎的地方,它都带有这种惨淡的印记。《黎明惨淡的光》[3]乃是一个用城市材料翻造出来的人在醒来时的哭泣。《太阳》[4]显露了这个城市的破败,就像阳光照耀下的一块旧布。老人听天由命地、日复一日地拿起他的工具,因为他到了暮年依然没有摆脱贫困,而这就是这个城市的寓言。[5] 在城市居民中,老妇人们——《小老太婆》——是唯一一群精神昂扬的人。[6] 这些诗历经数十年而没有受到质疑,这应归因于有一个守护它们的保留态度。这是对大城市的保留态度,这种态度使这些诗有别于几乎所有后来的大城市诗歌。凡尔哈伦[7]的一节诗足以让我们理解这里涉及的是什么:

一旦一个新基督从雾中

---

① 波德莱尔:《天鹅》,钱春绮译本,第 216 页。——译者

② 这里提及的种种有生命的造物和历史形象均见于《天鹅》。——译者

③ 《黎明惨淡的光》(Le Crepuscule du matin),即"晨曦"之意。参见钱春绮译本,第 257 页。——译者

④ 《太阳》,见钱春绮译本,第 209 页。——译者

⑤ "老人"形象见于《黎明惨淡的光》。参见钱春绮译本,第 258 页。——译者

⑥ 《小老太婆》,见钱春绮译本,第 224 页。——译者

⑦ 凡尔哈伦(Emile Verhaeren,1855—1916),比利时诗人、剧作家。——译者

从路灯的迷蒙中现身
让人性向他提升
用新星的火焰为人性洗礼,
罪恶、疯狂时刻以及浸泡城市的
邪恶酒缸会有什么严重后果?[1]

波德莱尔不是以这样的视角看问题。他那些吟咏巴黎的诗歌具有隽永的价值,乃是缘于他所表达的关于这座大城市衰败的观念。

那首《天鹅》也是献给雨果的。因为在波德莱尔看来,雨果是展示了新古典的少数人之一。如果说雨果有一种灵感源泉,那么它与波德莱尔的灵感源泉相去甚远。雨果没有那种变得僵硬的能力,如果用生物学的术语来说,这种能力在波德莱尔的作品中无数次地表现为一种"死亡拟态"。另一方面,我们可以说雨果也有一种地狱情结。夏尔·贝玑[2]在下面的评论中虽然没有明确指出这一点,但也表达出这种意思。贝玑在揭示雨果和波德莱尔二人的古典古代概念的差异时,指出:"我们可以肯定的一点是,当雨果看到路边的一个乞丐时,他是按照他本来的样子看他,他确实是按照他实际的样子去看他……看到他这个站在古代的道路边的古代乞丐、古代的恳求者。当他看到我们壁炉上的一块大理石或我们现代壁炉上的一块水泥砖时,他是按照它们本来的样子看它们,即把

① 凡尔哈伦:《触手般扩展的城市》,巴黎,1904 年,第 119 页(《城市的灵魂》)。
② 贝玑(Charles Peguy,1837—1914),法国诗人,社会主义者。——译者

它们看成是壁炉上的石头，古代壁炉上的石头。当他看到一幢房子的、用一块方石充当的大门或门槛时，他会在这块方石上辨认出古代的线条，那个神圣门槛的线条。”[①]就下面这段《悲惨世界》的文字而言，大概没有比（贝玑的）上述评论更准确的了：“圣安东郊区的酒馆有如阿文蒂诺山上那些建造在巫女洞口暗通神意的酒馆；人们凭借着香炉式的三条腿桌子酌饮着恩尼乌斯所谓的巫女酒。”[②]正是这种观念促成了雨果的组诗《凯旋门》，在这部作品中第一次出现了“巴黎的古代”意象。对这个纪念性建筑的颂扬缘于对一场“巴黎战役”的想象：经历这场“宏大的战役”后，这个沉沦的城市只有三个标志性建筑存留下来：圣礼拜教堂、旺多姆柱、凯旋门。这组诗在雨果作品中的重要意义是与它在仿照古典古代制造19世纪的巴黎形象的历史中所占据的地位相一致的。这组诗写于1837年，波德莱尔无疑是知道它的。

在此七年前，即1830年，历史学家劳默[③]在《巴黎和法国书简》中写道：“昨天，我从圣母院的塔楼俯视这个巨大的城市。是谁建造了第一幢房子？什么时候最后一幢房子会倒塌，巴黎的遗址会像底比斯和巴比伦的遗址一样？”[④]雨果这样描写这块地方：“堤边河水击打着轰鸣的桥拱，（终有一天）堤岸又将变成蜿蜒曲折汩

---

① 贝玑：《散文集》，巴黎，1916年，第388页起。

② 参见雨果：《悲惨世界》，李丹译，第4部，第1卷，第5章，第1019页。圣安东郊区是巴黎的一个工人居住区；阿文蒂诺山是罗马城的七座山丘之一；恩尼乌斯（Ennius）是公元前二世纪的拉丁诗人。——译者

③ 劳默（Friedrich von Raumer，1781—1873），德国历史学家。——译者

④ 劳默：《1830年巴黎和法国书简》，第2卷，莱比锡，1831年，第217页。

汩流淌的川流”①：

> 但是，不，一切都将死亡。在这块土地上
> 它唯一还在孕育的也不过是行将灭绝的人。

在劳默书简100年后，莱昂·都德②从巴黎的另外一个制高点圣心大教堂俯看这座城市。在他眼中，迄今的“现代性”历史体现在一种可怕的浓缩之中：“人们俯视着这一片宫殿、纪念碑、民居和兵营的混合体，会觉得它们注定要遭受一次或多次巨大的天灾人祸……我曾经几个小时从富尔韦圣母院俯视里昂，从贾尔德圣母院俯视马赛，从圣心大教堂俯视巴黎……站在这些制高点上，一种可怕的威胁历历在目了。人类的麇集现象太可怕了……人需要工作，这话没错，但是他也有其他需求……其中一种需求就是自杀，这种冲动源于他的内心和这个塑造他的社会，比他的自我保存冲动还要强烈。因此，当我们站在圣心大教堂、富尔韦圣母院和贾尔德圣母院上向下俯瞰时，我们会惊讶巴黎、里昂和马赛竟然还存在于世。”③这就是波德莱尔在自杀中辨认出来的现代激情在这个世纪所获得的面貌。

巴黎这座城市是以奥斯曼赋予它的形状进入这个世纪的。他用可以想象的最简陋的工具彻底改造了这个城市的面貌。这些工

---

① 雨果：《诗集Ⅲ》，巴黎，1880年。

② 莱昂·都德(Leon Daudet，1867—1942)，法国小说家和报人。著名小说家阿尔方斯·都德的儿子。——译者

③ 莱昂·都德：《巴黎真貌》，第1卷，巴黎，1929年，第220页起。

具是铁锹、铁镐、撬棍等。如此简单的工具造成了如此之大的破坏！另外，随着大城市的成长，人们发展了把它们夷为平地的手段。由此将会唤起人们对未来的什么样的想象！1862年的一个下午，正值奥斯曼的工程热火朝天地进行之时，马克西姆·迪康①来到新桥②。当时迪康正在附近的一个眼镜店等他的眼镜。"作者在步入老年之际体验到了回首往事的那种滋味，在那个时刻会觉得一切事物都映射着自己的忧郁。他到眼镜店表明他的视力微微衰退，这就使他想到人间万物必然衰败的规律……他曾经游历过东方许多地方，见识过让那些死者化为尘埃的沙漠，因此他突然想到，这个在他周围喧嚣的城市就像其他许多都城一样总会有一天衰亡。他想到，如果关于伯里克利时代的雅典、巴尔卡时代的迦太基、托勒密时代的亚历山大、恺撒时代的罗马有十分准确的描写，那会引起我们今天的人多么大的兴趣……一种灵感闪过，这是偶尔会给人带来非凡题材的灵感：古代的史学家没有写出他们的城市，而他决定写一部关于巴黎的书……在他的脑海中，他能够想象出他在成熟的晚年将会完成的作品。"③在雨果的《凯旋门》中，在迪康从行政角度展现这个城市的宏大著作中，可以看到同样的灵感。这种灵感对于波德莱尔的现代性观念也是决定性的。

---

① 迪康（Maxime Du Camp，1822—1894），法国作家、新闻记者，法兰西学院院士。——译者

② 新桥是塞纳河上的一座石桥。——译者

③ 保罗·布尔热："1895年6月13日继承马克西姆·迪康的院士职位的学术讲演"，《法兰西学院文集》，第2卷，巴黎，1921年，第191页起。

奥斯曼是在1859年启动他的工程的。他的工程早就被认为是必要的，相关的立法也为它的实现铺平了道路。迪康在上面提到的著作中写道："1848年后，巴黎几乎变得不适合人居住了。铁路网的不断扩张……促进了交通和城市人口的增长。人们挤满了狭窄、肮脏、弯曲的旧街道。人们挤在一起，因为他们别无选择。"[①]在19世纪50年代初，巴黎居民开始接受这种观点：这个城市的大清扫是不可避免的了。可以设想，在策划阶段，这种清扫至少像城市更新本身一样会极大地刺激人们的美好想象。儒贝尔[②]说："事物的意象比其实际呈现更能激发诗人的灵感"。[③] 这同样适用于艺术家。凡是被认为不能唾手可得的事物都会变成一种意象。当时巴黎的街道也会出现这种情况。不管怎么说，这项工程与巴黎大改建之间的潜在联系是不容置疑的——这项工程完成几年以后城市改建才着手进行。这正是梅里翁[④]刻画的巴黎景观。这些作品对波德莱尔的触动远远超过了其他人。对他来说，那种考古学角度的灾难观念——这是雨果那些梦幻想法的基础——没有真正的震撼力。在他看来，就像雅典娜突然从毫发无损的宙斯的脑袋中跳出来，古代也是从完整无缺的现代性中突然跳出来的。梅里翁显露出这个城市的古代面貌，但没有抛弃哪怕一块卵石。这正是波德莱尔在现代性观念中不懈追求的那种视角。他是梅里

---

① 马克西姆·迪康：《19世纪下半叶的巴黎：其器官、功能和生命》，第6卷，巴黎。

② 儒贝尔(Joseph Joubert，1754—1824)，法国哲学家。——译者

③ 儒贝尔：《感应引发的思考》，第2卷，巴黎，1883年，第267页。

④ 梅里翁(Charle Meryon，1821—1868)，法国版画家，曾创作铜版组画《巴黎的景色》22幅。——译者

翁的热烈赞赏者。

这两个人之间有一种亲和性。两人同一年出生,辞世也仅隔几个月。两人都是在孤独和极度不安中去世的——梅里翁死在夏朗东疯人院,波德莱尔死在一个私人诊所时已不能说话。两个人都是身后才受到推崇。梅里翁生前,波德莱尔几乎是他唯一的推崇者。[①] 波德莱尔的散文作品中几乎没有几篇能与那篇论梅里翁的短文相媲美。说是评论梅里翁,实际是赞颂现代性,但也是赞颂梅里翁塑造的古代形象。因为在梅里翁的作品里,古典古代与现代也是相互贯通的,而且他的作品明确无误出现了这种重合的方式,即寓言。他为铜版画写的说明文字非常重要。如果说这些文字带有疯癫的痕迹,那么它们的隐晦反而突显了"意义"。梅里翁为自己刻画的新桥景色所做的说明性韵文尽管带有诡辩意味,但是与(波德莱尔的)《瘦骨嶙峋的农夫》[②]同气相求:

> 这里就是老新桥,
> 毫不走样的复制,
> 一切焕然一新,
> 遵循最近的法令。
> 啊,博学的大夫,
> 技术娴熟的医师,
> 为何不同样对待我们,

---

① 20世纪,梅里翁有了一个传记作者居斯塔夫·热弗鲁瓦。而热弗鲁瓦的主要作品是为布朗基写的传记,此事并非巧合。

② 参见钱春绮译本《骸骨农民》,第233页。——译者

梅里翁的作品

一如治理这个石桥。[①]

热弗鲁瓦认为，这些画面的独特之处在于“尽管它们直接取材于生活，但是它们表现的是一种逝去的生活，某种已经死亡或将要死亡的生活”。[②] 他由此来理解梅里翁作品的本质及其与波德莱尔的关系。他特别意识到作品真实再现了不久将到处瓦砾堆积的巴黎城。波德莱尔论述梅里翁的文章有一处很微妙地提到巴黎的这种古代性的意义。“我们几乎没有见过如此富有诗意地刻画一

① 转引自居斯塔夫·热弗鲁瓦：《夏尔·梅里翁》，巴黎，1926年，第2页。梅里翁最初是一个海军军官。他的最后一幅蚀刻呈现的是位于协和广场的海军部。一群马、马车和海豚被展现在涌向海军部的云朵中。上面还有舰船、海蛇，还能看到一些人形动物。热弗鲁瓦没有太多地研究形式或寓言就很容易地发现了其“意义”：“他的梦幻都扑向这幢如同要塞一样坚固的房子。那里开始了他年轻时代的事业记录，那时他还在着手远洋航行。这座城市和这幢房子曾经给他造成许多痛苦，现在他向它们告别。”（热弗鲁瓦，前引书，第161页）

② 前引书。保存“痕迹”的意愿最决定性地介入这种艺术。梅里翁给他的系列版画所起的标题就像显示了一块上面留下古老植物痕迹的疏松岩石。

座伟大城市的天然庄严:雄伟的石头建筑、高耸入云的尖塔、向天空喷吐烟雾的工业方尖碑;[1]修缮纪念碑的巨大脚手架在纪念碑的坚实身躯上展现蜘蛛网般的怪诞之美;烟雾遮蔽的天空孕育着愤怒、饱含着敌意;狭长的景色被人们凭借自己的想象而赋予了存在于戏剧之中的诗情——这些复杂因素构成了文明的艰辛而光荣的外观,而它们无一被遗漏。”[2]出版商德拉特尔[3]曾经打算出版配有波德莱尔说明文字的梅里翁铜版组画,但令人特别惋惜的是,这个计划未能实现。由于这位艺术家[4]的过错,根本没有让波德莱尔撰写;因为他不能想象除了对他镌刻的房子和街道一一标注外,波德莱尔还有什么可做的事情。如果波德莱尔承担了这项任务,那么普鲁斯特关于“古代城市在波德莱尔作品中的角色及其偶尔赋予的朱红色调”[5]的评论就会更加富有意味了。对于波德莱尔来说,罗马在这些城市中位居首位。在评论勒孔特·德·李勒[6]的文章中,波德莱尔表露了自己对罗马的“天然偏爱”。这种情感

---

① 参见比埃尔·昂的批评:“艺术家……赞颂巴比伦神庙的圆柱,却诋毁工厂的烟囱”(“文学:社会的意象”载《法兰西百科全书》,第16卷:《现代社会的艺术和文学》,第1卷,巴黎,1935年,分册16.64-1)。

② 波德莱尔:《作品集》,第2卷,第293页。

③ 德拉特尔(Auguste Delatre,1822—1867),法国著名的铜版蚀刻大师。——译者

④ 指梅里翁。——译者

⑤ 普鲁斯特,前引书,第656页。——原注

“朱红色”,表示淫荡,见《新约·启示录》,第17章。——译者

⑥ 勒孔特·德·李勒(Leconte de Lisle, 1818—1894),法国悲剧诗人。——译者

可能源于皮拉内西[1]的系列铜版画（“风光”系列）。在那些画上，不可修复的废墟和新城市依然宛如一个整体。

《恶之花》第39首是一首十四行诗。它是这样开始的：

> 赠你这些诗篇，为了在某个晚上，
> 如果我的名字，有幸像一只帆船，
> 被朔风吹到遥远的后代的港湾，
> 使世人的脑海掀起梦幻的巨浪，
>
> 像无稽的传奇似的、对你的怀想，
> 虽像扬琴一样使读者听得厌烦。[2]

波德莱尔希望自己被人视为一个古典诗人。这一要求以惊人的速度实现了，因为在这首十四行诗中提到的遥远的未来（“遥远的后代”）在波德莱尔去世后几十年就实现了，而波德莱尔原以为需要几个世纪。诚然，巴黎依然屹立于世，社会发展的大趋势也一如既往。但是，这些趋势越是恒定不变，凡是曾经被经验冠以“全新”标签的事物越容易变得陈旧而被废弃。现代性几乎没有什么方面保持不变，而古代性（古典性）——曾经被人们认为包含在现代性里——实际上呈现的是衰败的画面。“埋在灰烬下的赫库兰

---

① 皮拉内西（Giovanni Battista Piranesi，1720—1778），意大利素描家和铜版画家。——译者

② 波德莱尔：《赠你这些诗篇》，见钱春绮译本，第99页。——译者

尼姆[1]被重新发现,但是几年的时间能够比全部的火山灰烬更有效地埋葬一个社会的风俗。”[2]

波德莱尔心目中的古代是古代罗马。古代希腊只有一次进入他的视野。希腊给他提供了女英雄的意象。在他看来,这种意象既能够也值得带进现代。在《恶之花》最伟大、最著名的诗篇中,有一首诗里的两个女人用的是古希腊名字:德尔菲娜和伊波利特。[3]这首诗是献给女同性恋的。女同性恋是现代性的女英雄。在她身上,波德莱尔的一种爱欲理想——显示强硬和阳刚之气的女人——与一种历史理想,即古代世界里的伟大意识结合起来。这就使得女同性恋在《恶之花》里的地位十分明确。这也就能解释为什么“累斯博斯的女性”[4]这个标题在波德莱尔的脑子里酝酿了很长时间。顺便说,绝不是波德莱尔为艺术领域最先发现了女同性恋。巴尔扎克在《金眼女郎》中就已经熟悉这种人了,戈蒂耶在《莫班小姐》中,德·拉杜什[5]在《弗拉戈勒塔》中也都见识过她们。波德莱尔在德拉克罗瓦的作品中也遇到过这种女人;在一篇评论德拉克罗瓦画作的文章中,他委婉地说到“在罪恶或神圣的意义上显

---

① 赫库兰尼姆(Herculaneum),与庞培城同时被维苏威火山熔岩吞没的罗马城市。——译者

② 巴尔贝·多雷维伊:“丹蒂风度与德·布律梅尔”,《备忘录》,巴黎,1887年,第30页。

③ 波德莱尔:《被诅咒的女人》,参见钱春绮译本,第286页。——译者

④ “累斯博斯的女性”(Les Lesbiennes),也译为“女同性恋”。参见钱春绮译本,第281页。——译者

⑤ 德·拉杜什(Henri de Latouche, 1785—1851),法国文学家、评论家,曾主持《费加罗报》。——译者

《恶之花》插图之一，罗贝尔-里歇作

露出英雄气概的现代女性”[①]。

在圣西门主义里也可以发现这个主题。圣西门主义的崇拜幻想常常使用雌雄同体的观念。其中一个幻想就是一个展示杜韦利埃[②]设想的“新城市”的礼拜堂。该派的一个信徒就此写道：“这个礼拜堂应该代表一种阴阳人，即一半男人和一半女人……应该按

① 波德莱尔：《作品集》，第2卷，第162页。

② 杜韦利埃(Charles Duveyrier，1803—1866)，律师、歌词作者，圣西门主义者，曾设想巴黎成为世界的首都。——译者

照同样的区分来计划整个城市，甚至整个国家和整个地球。将来会有男人的半球和女人的半球。”[①]就圣西门主义乌托邦的人类学内容而言，克莱尔·德马尔[②]的观念要比这种从未实现的建筑更容易理解。在昂方丹[③]的宏大狂想的遮蔽下，克莱尔·德马尔被人遗忘了。但是她留下的宣言比昂方丹的至高之母神话更接近于圣西门学说的本质——把工业视为推动世界的力量。她的论述也涉及母亲，但其意思根本不同于那些离开法国到东方寻找至高之母的那些人。当时探讨妇女前途的文献非常杂芜。无论从力度还是从激情看，德马尔的宣言都是独一无二的。它的题目是《我的未来法律》。结尾的一段是这样写的：“不再有什么母性！不再有什么血亲法律！我是说：不再有什么母性。一旦女人摆脱了对她的身体按价付钱的男人……她就将把自己的生活……仅仅归功于她自己的创造力。为此，她必须投身于一种工作，履行一种职能……因此你将必须下决心，把新生儿从自然母亲的怀中抱走，交到一位社会母亲的手中，即交给国家雇用的护士。用这种方式，孩子会养育得更好……只有到了那个时候，而不是在此之前，男人、女人和孩子都将摆脱血亲法律，摆脱这种人类自我压榨的法律。”[④]

在这里我们可以看到波德莱尔所吸收的女英雄意象的原始版

---

① 亨利-勒内·德·阿勒曼尼亚：《圣西门主义者，1827—1837》，巴黎，1930年，第310页。

② 克莱尔·德马尔（Claire Demar，1799/1800—1833），女性主义者，圣西门主义者，自杀而亡。——译者

③ 昂方丹（Barthelemy-Prosper Enfantin，1796—1864），圣西门运动的主要领导人，被称为“至高之父”，曾带着信徒到埃及寻找“至高之母”。——译者

④ 克莱尔·德马尔：《我的未来法律。遗著》，巴黎，1834年，第58页起。

本。其女同性恋变体不是作家们的创造，而是圣西门主义者小圈子的创造。这里涉及的文献肯定没有得到这一派编年史家的最好对待。但是，我们确实看到了圣西门学说的一个女弟子的特殊自白："我开始像爱我的男伴一样爱我的女同伴……我承认男人具有强壮的体力和特有的某种智力，在男人旁边，与他们平分秋色的是女人的美丽身体和特有的智慧天赋。"[①]波德莱尔写下的一段令人意外的评论听起来就像是这段自白的回音。这段评论说的是福楼拜创造的第一个女英雄："无论从她昂扬的活力看，还是从她最雄心勃勃的目标和她最渴望的梦想看，包法利夫人……是一个男人。就像战神雅典娜从宙斯的脑袋里跳出来，这个奇异的雌雄同体人在一个妖媚的女人身体中获得了阳刚精神的全部魅力。"[②]关于作者本人[③]，波德莱尔写道："所有智慧的女人都会感谢他，因为他把'小女人'提升到如此之高的高度……让她具有塑造一个完美的人所需要的双重天性：既精于算计，又善于梦想。"[④]通过他所擅长的突袭式笔法，波德莱尔把福楼拜笔下的小资产阶级妇人提升到女英雄的地位。

在波德莱尔的作品中，有一些非常重要、甚至非常明显的现象，却一直没有人予以关注。其中之一就是在《漂流物》[⑤]中排在一起的两首女同性恋诗篇的对立取向。《累斯博斯》是对女同性恋

① 转引自马亚尔：《解放妇女的传奇》，巴黎，未注明出版日期，第 65 页。

② 波德莱尔：《作品集》，第 2 卷，第 445 页。

③ 指福楼拜。——译者

④ 波德莱尔：《作品集》，第 2 卷，第 448 页。

⑤ 《漂流物》(Epaves)，是波德莱尔在 1866 年出版的佚诗集。其中包括以前被禁的 6 首诗。这里论述的女同性恋诗篇也在其内。——译者

的赞美,而《德尔菲娜和伊波利特》则是对这种情欲的谴责,不管激发这种情欲的是什么性质的情感。

> 公正和不公正的法律有什么用场?
> 心地高尚的处女们,多岛海的荣耀,
> 你们的宗教也庄严,像其他宗教一样,
> 爱情对天堂和地狱会同样加以嘲笑!①

这些诗句出自第一首诗。在第二首诗里,波德莱尔写道:

> 堕落下去吧,下去吧,可怜的牺牲者,
> 堕入到永劫的地狱的道路上去吧!②

对这种明显的分裂或许可以做如下解释:正如波德莱尔没有把女同性恋看作是社会问题或生理问题一样,他对现实生活中的女同性恋也没有任何固定态度。他在现代性的架构里给她留有一席之地,但是在现实中不承认她。这就是为什么他非常冷漠地写道:“我们知道有一个正在写作的女慈善家……一位共和派女诗人,一位未来的女诗人,不管她是傅立叶主义者还是圣西门主义

① 波德莱尔:《累斯博斯》,钱春绮译本,第283页。诗中“多岛海”为爱琴海的别名。——译者

② 波德莱尔:《被诅咒的女人——德尔菲娜和伊波利特》,钱春绮译本,第290页。——译者

者。[①] 但是我们从来无法让我们的眼睛习惯……所有这些庄重而令人反感的行为……这些对阳刚精神的亵渎模仿。”[②]如果认为波德莱尔曾经想在自己的作品中公开地支持女同性恋，那就错了。这一点可见之于《恶之花》审判中他给他的律师辩护词提的建议。在他看来，社会排斥与这种情欲的英雄性质难解难分相辅相成。“堕落下去吧，下去吧，可怜的牺牲者”是波德莱尔送给女同性恋的最后判词。他冷眼看着她们陷入厄运，而且她们是不可能得救的，因为波德莱尔对她们的看法包含着无法消除的混乱。

19 世纪开始在家庭之外的生产过程中毫无节制地使用妇女。一开始是以一种原始的方式把她们赶进工厂。接着，随着时间的推移，这些妇女身上必然会出现雄性特征。摧残身体的工厂劳动特别容易造成这种特征。高级生产方式与政治斗争都能在一个比较优雅的身躯上促成雄性特征。“维苏威火山”运动或许由此可以得到理解。它给二月革命提供了由妇女组成的军队。她们在规章中宣布：“我们把自己称作维苏威火山，这是为了表明，有一座革命火山在我们这个群体中的每一位妇女心中喷发着。”[③]妇女习性的这种变化造成了一些潮流变化，影响了波德莱尔的想象力。如果说这里还掺杂着他对怀孕的极端反感，也毫不奇怪。[④] 妇女的雄

---

① 这里可能暗指克莱尔·德马尔的《我的未来法律》。

② 波德莱尔：《作品集》，第 2 卷，第 534 页。

③ 《1848 年共和国时期的巴黎：关于巴黎城市的图书和历史著作展览说明》，巴黎，1909 年，第 28 页。

④ 1844 年的一个残篇（第 1 卷，第 213 页）似乎很能说明这一点。在波德莱尔那张著名的画上，他的情妇的步态与怀孕妇女的步态惊人地相似。但这并不能否定他对怀孕的反感。

性化与他的想象一致,因此波德莱尔赞成这种进程。但是,与此同时,他力主使这一进程摆脱经济桎梏。因此他甚至强调这种发展纯粹在性的方面的意义。他不能原谅乔治·桑,或许是因为她与缪塞的风流韵事玷污了身为一个女同性恋的形象。

“非诗意”因素的衰退不仅明显地体现在波德莱尔对待女同性恋的态度中,而且也成为他在其他方面的特征。这使得悉心的评论者感到惊讶。1895 年,于勒·勒梅特尔写道:“我们碰到了一部玩弄技巧和充满矛盾意向的作品……即便是在对最暗淡的现实细节做最粗糙的描述时,他也会沉溺于唯灵论中,使我们脱离开事物给予我们的直接印象……波德莱尔把女人当成一个奴隶或动物,但是他向她献上给予圣母的那种敬意……他诅咒‘进步’,他厌恶当代的工业,但是他欣赏这种工业给今天生活增添的那种特殊风味……我认为这种特殊的波德莱尔风格乃是两种对立的反应方式的持久结合……一种可以称作过去的方式,一种是现在的方式。这是意志的杰作……情感生活领域的最新发明。”[①]把这种态度说成是意志的伟大成就,确实符合波德莱尔的意愿。但是,事情的另一面就是缺乏远见卓识、缺少信念和坚定性。波德莱总是处于激动之中,很容易屈从于突然的、电击般的变化,因此对另外一种极端的生活方式的想象就对他越发充满诱惑力。这种方式体现在从他的许多优美诗篇中散发出来的咒语中;在有些咒语中,它给自己命名。

---

① 于勒·勒梅特尔:《当代人》,巴黎,1895 年,第 29 页起。

瞧那运河边
沉睡的航船
心里都想去漂流海外；
为了满足你
区区的心意
它们从天涯海角驶来。①

这段著名的诗句有一种摇摆的韵律；它的节奏捕捉住停泊在河道里的船只的运动。在两个极端之间摇摆——波德莱尔渴望的就是像船所拥有的这种特权。这些船出现在他的幽深、玄奥、矛盾的意象所笼罩的地方：被伟大气势维系和遮护着。“这些漂亮的大船停泊在静止的水面上，令人难以察觉地摇摆着，这些强壮的大船看上去那么慵懒，那么渴望——它们不是正在用一种无声的语言询问我们：我们何时启程去寻找幸福？”②这些船将无动于衷的外表与蓄势待发结合起来。这就使它们具有一种隐秘的意义。这里也有一个特殊的星图，使得伟大和慵懒在人的身上并存。这个星图支配着波德莱尔的生活。他译解它，称之为“现代性”。当他流连于船只停泊在港口的景象时，他是为了从中获得一种寓意。英雄就像这些船只那样强壮、那样机灵、那样和谐、那样匀称。但是，大海徒劳地向他招手，因为他的生活被一个灾星所笼罩。现代性最终表明是他的厄运。英雄不是在现代性中造就的，它用不着这

① 波德莱尔：《邀游》，钱春绮译本，第134—135页。——译者
② 波德莱尔：《作品集》，第2卷，第630页。

类人物。它把他永远安置在安全的港湾,让他无所事事。在这种情况下,英雄的最后化身是丹蒂[1]。这些人精力充沛、态度从容,举手投足都很优雅。如果我们邂逅其中的一位,就会情不自禁地想:"这位可能是个富人;但可以更肯定地说,这是一个无所事事的赫拉克勒斯。"[2]他似乎靠他的伟大气势支撑着。由此可以理解为什么有时候波德莱尔认为,他的漫步就像抒发他的诗情一样具有某种尊严。

对于波德莱尔来说,丹蒂看上去是一些伟大先人的后裔。在他看来,丹蒂风度是"颓废时代英雄气概的余晖"。[3] 让他高兴的是,他发现在夏多布里昂的作品里提到印度的丹蒂——这证明这类人有过辉煌的过去。实际上,应该承认,在丹蒂身上组合而成的形象特征带有十分明确的历史印记。丹蒂是在世界贸易中充当领袖的英国人的创造。遍布全球的贸易网掌握在伦敦股票交易所那些人手中;这个网络能够感受到最变化多端的、最频繁的、最无法预料的颤动。商人不得不对这些颤动做出反应,但是他不能公开表现出来。丹蒂就来对付由此造成的冲突。他们形成了一种巧妙而实用的训练方法,用以克服这些冲突。他们把极其敏捷的反应同一种放松、甚至懒散的举止和表情结合起来。面部抽动一度曾被视为时髦,实际上在某种程度上是对所遭际问题的笨拙而低级

---

① 丹蒂(dandy)指当时反抗或蔑视世俗观念、具有名士派头的花花公子。与"波希米亚人"不同之处在于,丹蒂表面上很不经意,其实对外表和举止都很讲究。对丹蒂风度(dandysim)的追求源于19世纪初的英国,后来被波德莱尔等引入法国加以光大,后来又被王尔德引回英国。参见本书附录,波德莱尔论丹蒂。——译者

② 波德莱尔:《作品集》,第2卷,第352页。

③ 同上书,第351页。

的表达。下面这段论述很能说明问题:"文雅之士的脸上必须总是带点抽搐和扭曲。这种容貌可以被描述为一种天然的魔鬼风格。"[①]这就是伦敦丹蒂在一个巴黎街头浪子心目中的形象,这也是这种形象在波德莱尔身上的反映。他喜爱丹蒂风度,但自己很不成功。他没有取悦于人的天赋,而这在丹蒂不卑不亢的技巧中是一个十分重要的因素。由于他反复玩味与自己相关的事情(这种做法很自然地就会把一个人变成乖戾的怪人),因此波德莱尔变得内心非常孤独。而他变得越不可接近,他就变得越孤独。

与戈蒂耶不同,波德莱尔发现自己的时代没有任何可爱之处。与勒孔特·德·利尔不同,他不能欺骗自己。他没有拉马丁或雨果的那种人道主义理想。他也不能像魏尔兰[②]那样以献身宗教来摆脱困境。由于他没有任何信念,他让自己屡屡改头换面。闲逛者、流氓、丹蒂、拾垃圾者等等是他所扮演的众多角色。因为现代英雄不是英雄,而是英雄的扮演者。充满了英雄主义的"现代性"最后证明是一场悲剧,而剧中总是会有英雄角色[③]。波德莱尔在《七个老头子》这首诗中以评论的方式委婉地指出这一点。

> 某日早晨,当那些浸在雾中的住房
> 在阴郁的街道上仿佛大大地长高,
> 就像水位增涨的河川两岸一样,

① 泰格西尔·德洛尔等:《小巴黎》,巴黎,1854年,第10卷,《巴黎,寻欢作乐的人》,第25页起。

② 魏尔兰(Paul Verlaine, 1844—1896),法国诗人。——译者

③ 即主要角色。——译者

当那黄色的浊雾把空间全部笼罩，

变成一幅像演员的灵魂似的布景，
我像演主角一样，让自己神经紧张，
跟我的已经疲惫的灵魂进行争论，
在被载重车震得摇动的郊区彷徨。[1]

在这些诗句里，布景、演员和英雄[2]明确无误地凑在一起。波德莱尔的同时代人不需要这种提示。当库尔贝[3]画波德莱尔时，他抱怨这个对象每天看上去都不一样。尚弗勒里[4]说，波德莱尔就像是一个从铁链苦囚队中逃亡出来的人，很善于变换自己的面部表情。[5] 瓦莱斯在他写的那份恶意的讣告中称波德莱尔是一个“蹩脚演员”[6]。但这份讣告显示了足够的敏锐。

在他使用过的各种面具背后，波德莱尔身上的诗人始终藏而不露。他在私人交往的圈子里能够显得很有煽动性，但在他的作品里则非常迂回隐蔽。诗人藏而不露是他做诗的法则。他的诗歌创作方法类似于一张大城市的地图，人们可以借助街区、通道、院

---

① 波德莱尔：《七个老头子》，钱春绮译本，第220—221页。——译者

② 即主角。——译者

③ 库尔贝(Gustave Courbet，1819—1877)，法国写实主义画家，曾任巴黎公社委员。——译者

④ 尚弗勒里(Jules Husson Champfeury，1821—1889)，法国小说家、新闻记者、文学理论家。——译者

⑤ 见尚弗勒里：《青年时代的回忆与肖像》，巴黎，1872年，第135页。

⑥ 见安德列·比利：《境况》，载《战斗的作家们》，巴黎，1931年，第189页。

落，隐蔽地穿行于城市之中。在这张地图上，词语的位置清晰地标注出来，正如在一场暴动之前将各种位置给密谋者标示出来。波德莱尔是与语言本身进行合谋。他一步一步地计算它的效果。他总是避免把自己暴露给读者，这一点引起了一些杰出评论者的特别注意。纪德注意到在意象和描写对象之间有一种精心安排的不和谐。① 里维埃强调的是，波德莱尔如何从一个生僻的词入手，他如何接近它，以便轻轻地采摘它，并且小心地使它贴近所描写的对象。② 勒梅特尔说到波德莱尔如何精心建构形式，使之能够遏制激情的爆发。③ 拉福格强调波德莱尔的那些明喻，说它们就像令人不安的入侵者，径直闯入文本，揭穿这位抒情诗人的虚伪。拉福格摘引诗句"黑夜拉上像墙壁一样的厚幕"为例，④并且指出："可以找到大量其他的例子。"⑤

---

① 见纪德，前引书，第512页。

② 见里维埃：《研究》，巴黎，1948年，第15页。——原注
里维埃(Jacques Riviere，1886—1925)，法国作家和评论家，是《新法兰西文学评论》的重要撰稿人。——译者

③ 见勒梅特尔，前引书，第29页。

④ 于勒·拉福格：《遗著》，巴黎，1903年，第113页。——原注
这句诗出自波德莱尔的诗《阳台》。见钱译本，第92页。——译者

⑤ 例子很多，不妨再援引几例：
我们一路上把秘密的欢乐偷尝
拼命压榨，像压榨干瘪的香橙。(《致读者》，钱春绮译本，第4页)
你胜利的乳房是一个漂亮的橱柜。(《美丽的船》，钱春绮译本，第131页)
远处的鸡啼划破长空的迷雾，
仿佛吐血的血泡将啜泣噎住。(《黎明》，钱春绮译本，第258页)
她那披着一团浓密乌黑长发的
戴着珍贵的首饰的头，
就像毛茛似的搁在床头柜上面。(《被杀害的女人》，钱春绮译本，第278页)

词汇被划分为似乎适合高雅语言的和被高雅语言所排斥的两类。这种划分影响了诗歌创作,而且从一开始就不仅被应用于抒情诗,同样也被应用于悲剧。19世纪初,这种惯例几乎不容争议。当勒布伦①的《熙德》上演时,"卧室"这个词招致了一片非议声。阿尔弗雷德·德·维尼翻译的《奥赛罗》演出失败,是因为提到了"手绢"这个词,这在悲剧里是不可接受的。雨果开始在文学中消除口语词汇与高雅语言之间的区别。圣伯甫紧随其后。在为约瑟夫·德洛姆写的传记中,圣伯甫解释说:"我一直力图用我自己的方式,即朴素随和的方式来标新立异。我对周围熟悉的事物直呼其名;但一间茅舍比一间客厅更让我感到亲切。"②波德莱尔既超越了雨果的语言雅各宾主义,也超越了圣伯甫的田园自由。他的意象因运用低俗的比喻对象而独树一帜。他搜寻那些俗不可耐的琐事,为的是把它们用于诗意情节。他说道:"漫漫长夜之中的茫茫的恐怖/就像搓纸团一样压紧人心"。③ 这种语言姿态是作为艺术家的波德莱尔所特有的,也只是在作为寓言家的波德莱尔那里才会变得真正有意义。它使他的寓言具有某种迷惑性,从而有别于一般的寓言。勒梅西埃④是最后一个带着这种寓言来到帝国诗坛的人,新古典主义文学也因此跌到了最低点。波德莱尔对此毫不在意。他采用了大量的

---

① 勒布伦(Pierre-Antoine Lebrun,1785—1873),法国诗人、剧作家。其剧作当时十分走红。《熙德》作于1825年。——译者

② 圣伯甫:《约瑟夫·德洛姆的生平、诗歌和思想》,巴黎,1863年,第1卷,第170页。

③ 波德莱尔:《通功》,参见钱春绮译本,第112页。——译者

④ 勒梅西埃(Nepomucene Lemercier,1771—1840),法国诗人、剧作家。他是与浪漫主义对抗、提倡古典悲剧的后期代表,也是法国历史喜剧的开创者。——译者

寓言,把它们置于某种语境中,从而根本改变了它们的性质。《恶之花》是在诗歌创作中不仅使用普通词语而且使用城市词语的第一部作品。但是,波德莱尔绝不回避使用一些特殊词汇,这些词汇摆脱了诗律的成规,以构词的巧妙让人惊叹。他使用“油灯”、“马车”、“公共马车”这些词,而且不避讳使用“资产负债表”、“反射镜”和“道路网”。一个寓言突然地、毫无铺垫地冒出来,这就是这位抒情诗人的词汇特点。如果说波德莱尔的语言精神在某个地方能让人把握住,那么就是在这种唐突的巧合中。克洛岱尔[①]对此做了一个明确的概括。他说,波德莱尔集拉辛的风格和第二帝国时期新闻记者的风格于一身。[②] 他的词汇中没有一个词是预先就有寓意的。某一个词是在一种特殊的情况下被赋予这种功能的,这取决于所涉及的事物,取决于需要侦查、包围和占领的主题的顺序。波德莱尔把写诗称作“突袭”,为了进行这种“突袭”,他把寓言作为自己的亲信。只有它们被允许秘密地进入。凡是出现“死亡”(la Mort)、“回忆”(le Souvenir)、“悔恨”(le Repentir)或“恶邪”(le Mal)的地方,也就是诗的战略中心所在。这些形象在那种毫不嫌弃最粗俗词语的诗文中闪电般地出现,可以从它们的大写字头辨认出来,由此暴露了波德莱尔那只操控之手。他的技巧是暴动的技巧。

波德莱尔去世几年后,布朗基用一个令人难忘的壮举把自己

① 克洛岱尔(Paul Claudel,1868—1955),法国诗人、剧作家、散文家。——译者
② 转引自里维埃,前引书,第15页。

的密谋生涯推到了辉煌的顶峰。[①] 这是维克多·努瓦尔被杀害之后发生的事情。[②] 布朗基想清点一下自己的队伍。他只认识自己的那些副手,而且不能确定他的麾下还有多少人认识他。他与助手格朗热联系,后者安排了一次布朗基派大检阅。热弗鲁瓦对此做了描述:“布朗基带着武器离开住宅,向他的姐妹们告别。然后来到香榭丽舍大街找到自己的位置。按照他与格朗热的约定,这位神秘将军麾下的人马将在这里接受检阅。他认识那些头头,他会看到,在每一个头头身后,他们的部下以正规的队列从他面前行进通过。实际发生的情况与计划的一样。布朗基举行了检阅,而没有让任何人觉察到这种异常景象的真相。这位老人倚着一棵树,周围的人群与他一样观看。他全神贯注地看着自己的战友。他们列队行进,静静地走过来,他们的低声细语时而被呼喊声打断。”[③]波德莱尔的诗歌则用词语保存了使这种情况得以发生的力量。

有几次,波德莱尔也试图从密谋者身上发现现代英雄的形象。在1848年2月的日子里,他在《公共安全》一文中写道:“告别悲剧!告别古代罗马的历史!难道我们今天不比布鲁图斯更伟大吗?”[④]比布鲁图斯更伟大其实是不如他伟大。因为当拿破仑三世

---

① 1870年,布朗基发动了3次武装行动。第一次是1月12日在努瓦尔葬礼后举行的武装示威,第二次是8月14日夺取枪械的暴动,第三次是10月31日夺取政权的暴动。然后布朗基被捕下狱,直至1879年获释。这里论及的是第一次。——译者

② 维克多·努瓦尔(Victor Noir,1848—1870),法国新闻记者,在采访拿破仑三世的堂兄比埃尔·拿破仑·波拿巴时被后者枪杀。——译者

③ 热弗鲁瓦:《囚徒》,巴黎,1897年,第276页起。

④ 转引自欧仁·克雷佩:《夏尔·波德莱尔》,巴黎,1906年,第81页。

上台时，波德莱尔没有识别出他身上的恺撒身影。在这一点上，布朗基比他高明。但是，他们两人的共同点要比他们的差异更深刻：两人都很固执、急躁、同样疾恶如仇，也同样无力回天。最后一点是，他们具有共同的宿命。波德莱尔用一个著名的诗句轻松地向这个世界告别："在这个世界里行动不是梦想的姐妹"。[①] 他的梦想并没有像他以为的那样被遗弃。布朗基的行动就是波德莱尔梦想的姐妹。二者难解难分。它们是一双相互缠绕的手，出现在拿破仑三世埋葬六月战士希望的巨石上。

① 波德莱尔：《圣彼得的否认》，参见钱春绮译本，第 315 页。钱译："我将会甘心离开/一个行动与梦想不一致的人世"。——译者

附　　录[①]

辨明真伪是唯物主义方法的目标，而不是出发点。换言之，它的出发点是被谬误、猜测所遮蔽而令人迷惑的客体。唯物主义方法始终是泾渭分明的，因此一开始就进行区分。它所做的区分是对这种高度混合的客体内部的区分。它不可能让这个客体呈现为混合的或未经充分批判的形态。如果它宣称它按照其“真实的”样子来对待客体，那么它反而会大大地削减了它的机会。但是，唯物主义方法越是能抛弃这种宣称，机会就越能大大地增多，从而可能引出深刻的见识：“物自体”不是“真实的”。

的确，人们禁不住要寻求“物自体”。在波德莱尔那里，它大量地呈现出来。各种源泉流向人们心中，在那里聚合成传统的河流；极目远眺，这条河流在良好规划的两岸之间蜿蜒而去。历史唯物主义不会被这个景观所牵制。它不会在这条河流中寻找对云彩的思考，但是它也不会离开这条河流，去饮用“源泉”的水，去探寻人背后的“物自体”。这条河流推动了谁的水磨？谁在利用它的力量？谁在筑坝遏制它？这些问题是历史唯物主义所追问的，而且

① 这篇文章是本雅明未完成的一个方法论导言，可能是为原来设想的整部论波德莱尔的著作写的，也可能是为其未来的核心章节写的。现存波茨坦档案馆的原文手稿更长一些。现存法兰克福档案馆的打印稿稍短一些，后发表在《时刻表》，第 20 期，法兰克福，1970 年。

它通过给各种起作用的力量命名而改变了风景的画面。

这似乎是一个复杂的进程。事实上也的确如此。这里面是否有一种更直接的、更决定性的进程？诗人波德莱尔为什么不径直面对当下的社会，回答他忍不住要用自己的作品向社会的进步骨干谈论的问题——当然，这里也要考虑他是否确有话要对他们说这个问题？与此相反的是，当我们阅读波德莱尔的作品时，资产阶级社会给我们上了一门历史教训课程。这些教训是绝不能忽视的。对波德莱尔的批判读解与对这门课程的批判修正是一码事。庸俗马克思主义的一个错觉在于，它认为在判断物质产品或精神产品的社会功能时可以无须考虑环境和传统的承担者。“作为被独立考察的客体的集合（这种考察即便不是独立于制造它们的生产过程，也是独立于使它们得以延续的生产过程），文化的概念……带有某种对它的膜拜。”[①]关于波德莱尔作品的传统尚为时不长，但是它已经带有历史的伤痕，这肯定会引起批判的观察者的兴趣。

品　　味

随着商品生产明确地压倒了其他生产，品味也得到了发展。

---

① 这种更断然的做法在其他方面也产生了不可估量的负面后果。几乎无人试图把波德莱尔式的立场纳入人类争取解放斗争的最先进立场行列。我们不妨从研究他的那些诡计入手。他在那些诡计中怡然自得——虽然在敌对营垒里，这些诡计对于对手几乎从来不是好事。波德莱尔曾经是一个密探（secret agent）——是一个对他的阶级及其统治心怀不满的代表（agent）。

由于把产品作为面向市场的商品来生产,结果,人们越来越不了解产品的生产条件——不仅不了解剥削形态的社会条件,而且不了解技术条件。消费者在向工匠订货时,多少是个行家里手——在个别情况下,工匠师傅还要向他请教。现在消费者成了市场上的购买者,他就变得一无所知了。此外,大批量生产旨在产出廉价商品,因此肯定会倾向于掩盖低劣质量。在大多数情况下,购买者缺少相关知识,这正中厂家下怀。工业越发展,它抛向市场的仿造品就越完美。商品沐浴在一种粗俗的光亮中。这种光亮与造成"神学的怪诞"[①]的光亮毫无共同之处,但是它对于社会具有某种重要性。1824 年 7 月 17 日,夏普塔尔在关于商标的讲演中说道:"不要对我说,小店主终究会知道不同材料的质量差异。不,先生们,消费者不会判断它们。他完全是根据商品的外表来做判断。但是,难道眼看手摸就足以判断颜色是否耐久,材料是否精良,终极产品的质量和特性究竟如何?"与消费者愈益变得外行成正比的是,他的品味变得越来越重要了——这不仅对于他很重要,对于厂家也有意义。对于消费者来说,品味在某种程度上是他精心掩饰专业知识匮乏的伪装。对于厂家来说,其价值在于,它是一种新的消费刺激。在某些情况下,为了满足它可以牺牲其他消费要求,否则厂家需要付出更高的代价才能满足那些要求。

"为艺术而艺术"的文学恰恰反映了这种发展变化。这种艺术理论以及相应的实践第一次使品味在诗歌里占据了主导地位。(诚然,品味在那里似乎不是一个对象;它从未被提及。但是这与

---

① 马克思:《资本论》,第 1 卷,第 1 章。——译者

下面这个事实异曲同工：18 世纪的美学争论经常讨论品味。其实这些争论的焦点在于内容。）在“为艺术而艺术”的文学中，诗人第一次如同购买者面对自由市场上的商品一样面对着语言。他变得对诗歌创作过程极其陌生了。“为艺术而艺术的”的诗人是最后一批可以说是“来自人民”的诗人。他们一无所有，但形势紧迫，这就要求他们“生造”他们的词语。更准确地说，他们不得不选择自己的词语。“选择词语”很快就变成“青春艺术派”文学的座右铭。“为艺术而艺术”的诗人希望首先把自己——带着自身的全部怪僻、差异和无法估量的因素——交付给语言。这些因素就体现为品味。诗人的品味引导着他对词语的选择。但是这完全是在并非由对象本身所创造出的词语中进行选择——也就是说，这是一些没有被纳入生产过程的词语。

实际上，“为艺术而艺术”的理论在 1852 年前后具有决定性的重要性，当时资产阶级力图从作家和诗人手中夺走他们的“事业”。马克思在《路易·波拿巴的雾月 18 日》中回忆那个时刻，说当时“议会外的资产阶级群众……粗暴地对待自己的报刊”，要求路易·波拿巴“消灭资产阶级中讲话和写文章的分子，即资产阶级的政治家和著作家，而所有这一切都是为了使它能够不受限制的强硬的政府保护下安心地从事他们私人的事情”。在这一艺术潮流的末尾可以见到马拉梅以及“纯粹诗歌”理论。在那里，他所属阶级的“事业”已经远离了诗人，因此没有一种对象的文学变成了讨论的焦点。这种讨论在马拉梅的诗歌中是相当重要的，主要围绕着空白、缺席、沉默和空缺反复展开。当然，这一点——在马拉梅那里尤其明显——是硬币的一面，而另一面也绝不是无关紧要的。

它提供了证据,证明诗人不再支持他所属阶级所追求的任何事业。诗人从根本上摈弃这个阶级的所有公开经验,力图在此基础上确立一种创作。这种意图导致了特别的和重大的困难。这些困难把这种诗歌变成了一种神秘的诗歌。波德莱尔的作品并不神秘。当然,他的作品所反映的社会经验都不是得自于生产过程——不是得自于最发达的生产形式,即工业生产过程。但是它们都是以广泛曲折的方式源于生产过程。然而,这些广泛曲折的方式在他的作品中是显而易见的。其中最重要的是神经衰弱者的经验、大城市居民的经验和消费者的经验。

论波德莱尔的几个主题

1

波德莱尔设想，有些读者在阅读抒情诗时会遇到一些困难。《恶之花》的导言诗就是写给这些读者的。意志力和注意力不是他们的强项；他们所喜欢的是感官愉悦；他们熟知"忧郁"会扼杀兴趣和消解接受意愿。这样一位抒情诗人十分看重这种最不愿给予回报的读者，这也算是一桩令人惊奇的事情。当然，这里有一种现成的解释：波德莱尔太渴望得到理解了；他是把自己的作品献给同命相怜的灵魂。这首致读者的诗就是用致意作为结束的："伪善的读者，——我的同类，——我的兄弟！"[①]换另一种解释或许更有说服力：波德莱尔写这本书从一开始就没有指望能够立即广受欢迎。他在导言诗中描写了他所设想的读者，事实证明，他的判断是有远见的。他最终找到了他的作品所针对的读者。换言之，事实上，环境对于抒情诗是越来越不友好了，这种形势至少可以通过三个因素来证明。首先，抒情诗人不再代表一般的诗人。他不再像拉马丁那样能够依然充当"吟游诗人"；他成为某一种风格的代表（魏尔兰就是这种细分的具体例子；兰波早就应该被视为一个玄秘人物，一个让自己的作品与公众之间保持当然距离的诗人）。其次，自波德莱尔起，抒情诗就从来没有获得大众范围的成功（雨果的抒情诗

---

① 波德莱尔：《致读者》。见钱春绮译：《恶之花》，第5页。——译者

最初问世时还能产生强烈的反响。在德国,海涅的《诗歌集》成为一个分水岭。)结果,第三个因素是大众对作为文化遗产的一部分传下来的抒情诗日益冷淡。这个时期大体上是从上个世纪中叶开始的。从那时起,《恶之花》的名声就不断扩散。这部作品预期会遇到最不宽容的读者,最初也几乎没有遇到宽容的读者,但是经过几十年后,这部作品获得了经典的地位,还成为最广泛印行的书籍之一。

如果说正面接受抒情诗的环境已经变得越来越差了,那么可以推想,只有在个别例子中抒情诗还与其读者的经验保持着联系。这种情况或许可归因于读者经验结构的变化。即便我们承认这种发展,我们可能也很难准确地说出在什么方面发生了变化。因此我们会转向哲学去寻找答案,而这又会使我们面对一个陌生的处境。自上个世纪末以来,哲学进行了一系列的尝试,旨在把握“真正的”经验。所谓真正的经验是相对于那种体现在文明大众的标准化的、不自然的生活中的经验而言的。人们习惯于把这些尝试归到“生命哲学”的范畴里。完全可以理解,它们的出发点不是人在社会中的生活。它们诉诸诗歌,更愿意诉诸大自然,最近则诉诸神话时代。狄尔泰[①]的著作《体验与诗》就是最早的尝试之一。这些尝试结束于克拉格斯和荣格[②],他们与法西斯主义同流合污了。这批文献的领衔之作是柏格森[③]的早期杰作《物质与记忆》。与其

① 狄尔泰(Wilhelm Dilthey, 1833—1911),德国哲学家。——译者

② 克拉格斯(Ludwig Klages, 1872—1956),德国哲学家。荣格(Carl Gustav Jung, 1875—1961),瑞士心理学家。——译者

③ 亨利·柏格森(Henri Bergson),法国哲学家。——译者

他著作相比,它与经验研究的联系更为密切。它是以生物学为依归的。书名表明,该书把记忆结构视为对哲学的经验模式具有决定意义的因素。经验其实是一个关系传统的事物,无论在集体存在中还是在私人生活中都是如此。与其说它是牢牢扎根于记忆中的事实的产物,不如说它是在记忆中积累的往往无意识的材料某种汇聚的产物。但是,柏格森根本不想给记忆贴上任何特定的历史标签。相反,他否定任何关于记忆的历史决定论。因此他极力避免涉及他本人的哲学所据以由来的那种经验,或者说他的哲学所回应的那种经验。那是一个不友善的、使人眼花缭乱的大工业时代。在对这种经验视而不见的同时,人们的眼睛所接受的是自发的后像(after-image)所造成的弥补性经验。柏格森的哲学体现了一种努力,即详细考察这种后像,并且加以固定,使之成为一种永久的记录。因此他的哲学间接地提供了一个线索,使我们可以接近波德莱尔眼中的那种经验,即在他的读者形象身上以未经歪曲的形式呈现给他的那种经验。

2

《物质与记忆》对在(时间)"绵延"中的经验的性质所做的界定，必然会使读者得出结论说:只有诗人才能充分地成为这种经验的主体。确实有一位诗人对柏格森的经验理论做了检验。普鲁斯特的《追忆似水年华》可以说是正如柏格森设想的那样，试图在今天的条件下去合成经验，因为自然地形成经验是越来越没有希望了。顺带说，普鲁斯特在他的作品中没有回避这个问题。他甚至引进了一个包含着对柏格森的批判的新因素。柏格森强调"积极的生活"与记忆中产生的特定"沉思生活"之间的对抗。但是他引导我们相信，让生活之流在沉思中实现，是一个自由选择问题。从一开始，普鲁斯特就通过术语来表明自己的不同观点。对他来说，柏格森理论中的"纯记忆"变成了"不由自主的记忆"。普鲁斯特马上让这种不由自主的记忆与服务于理智的"有意的追忆"①形成对照。他的这部巨著

---

① 不由自主的记忆(mémoire involontaire)，这个概念见《追忆似水年华》第7部《重现的时光》。中译本译为"无意识的记忆"，见中译本第7卷《重现的时光》，徐和瑾译，译林出版社，1991年版，第9页注。原译文为"我的记忆，即无意识记忆本身，已经忘记了对阿尔贝蒂娜的爱情。但是，看来还存在着一种四肢的记忆，这种记忆是对另一种记忆的大为逊色、毫无结果的模仿，但它的寿命更长，犹如某些无智慧的动物或植物的寿命比人更长一样。双腿和双臂充满了麻木的回忆"。有意的追忆(mémoire volontaire)，见《追忆似水年华》中译本第1部第1卷《贡布雷》，李恒基译，译林出版社，1989年版，第46页，原文为"那将是我有意追忆，动脑筋才得到的一鳞半爪"，"而有意追忆所得到的印象并不能保存历历在目的往事"。也有中文学者将这两个词译为"非意愿性记忆"和"意愿性记忆"。为了保留这两个概念取自小说的痕迹，本书采用了比较口语化的译名。——译者

一开始就把这种关系阐释得很清楚。在引入这个术语时，普鲁斯特告诉我们，在许多年里，他对自己度过一段童年时代的贡布雷镇的记忆是多么贫乏。一个下午，一种名为小玛德莱娜的点心（他后来经常提到它）的滋味就把他带回到过去，而此前他仅仅限于唤起需要集中精力来想的记忆。他将此称作“有意的追忆”。其特点在于，它提供的往事信息没有保留任何过去的痕迹。“我们的往事也一样。我们想方设法追忆，总是枉费心机，绞尽脑汁都无济于事。”因此，普鲁斯特总结说，往事“非智力所能及；它隐蔽在某件我们意想不到的物体之中（藏匿在那件物体所给予我们的感觉之中），而那件东西我们在死亡之前能否遇到，则全凭偶然，说不定我们到死都碰不到”。[①]

按照普鲁斯特的说法，一个人能否形成自我认识，能否把握自己的经验，全凭机遇。但这种事情绝不是只能碰运气。人的内心关注并非天然地具有毫无争议的私人性质。如果出现这种情况，也只是在他越来越无法通过经验来吸收周围世界的信息资料的时候。报纸就是表明这种无能为力状态的诸多证据之一。如果新闻业确实想让读者吸收它所提供的信息，使之成为读者自身经验的一部分，那么它实现不了这种目的。如果它的目的恰恰相反，那么这个目的就实现了：把发生的事情单独挑出来，使之脱离能够影响读者经验的那种语境。新闻信息的原则（新鲜、简短、易懂，尤其是各条新闻之间没有联系）对此所起的作用与版面编排和报纸风格一样大（卡尔·克劳斯[②]坚持不懈地证明报纸的语言极大地麻痹

① 《追忆似水年华》中译本上册第1部第1卷《贡布雷》，李恒基译，译林出版社1994年版，第28页。——译者

② 卡尔·克劳斯（Karl Kraus，1874—1936），德国作家。——译者

了读者的想象力)。使信息脱离经验的另一个原因是,信息不能纳入“传统”。报纸是大量发行的。没有什么读者能够自吹他拥有其他读者需要向他索取的信息。

历史上,不同的传播方式是相互竞争的。新闻报道取代了旧的叙事,耸人听闻的消息取代一般的报道。这种趋势反映了经验的萎缩。反过来,这些方式与讲故事有很大的不同。讲故事是最古老的传播方式之一。讲故事的目的不是传达故事本身,那是新闻报道的目的。讲故事是把故事融入讲故事人的生活之中,从而把故事当作经验传递给听故事人。因此,故事就带有讲故事人的印记,正如陶器上带有制陶人的手印一样。

普鲁斯特的8卷本巨著传递了一个意图,即让讲故事人的身影回到现代人中间。普鲁斯特以令人叹为观止的毅力从事着这项工作。从一开始,他让自己承担起第一项复活自己童年的任务。他说这个问题能否解决,取决于机遇。当他说这话的时候,他充分考虑到了它的难度。鉴于这些思考,他杜撰了“不由自主的记忆”这个说法。这个概念带有情境的印记。它是多年来那个孤独者所拥有的财富的组成部分。如果严格地说这里包含着什么经验的话,这种经验就是个人往事的某些内容与集体往事的素材的结合。各种膜拜活动通过其仪式和节庆(在普鲁斯特的作品可能根本没有回忆它们)一而再、再而三地产生这两种记忆成分的混合体。它们在某些时候触发了回忆,并且成为人一生的记忆开关。由此,有意的追忆和不由自主的记忆不再相互排斥。

3

为了对普鲁斯特的“理智的追忆”①(这个概念是柏格森理论的副产品)中出现的东西做出更充实的界定,我们有必要追溯到弗洛伊德。1921 年,弗洛伊德发表了论文《超越快乐原则》,以假说的方式提出记忆(指的是不由自主的记忆)和意识之间的联系。下面的评述并不是要来认定这一假说;我们将仅限于探讨在远远不同于弗洛伊德所设想的环境下这一假说所产生的成果。弗洛伊德的弟子们更容易遇到这种环境。赖克②的一些阐发记忆理论的著作就呼应了普鲁斯特关于不由自主的回忆与有意的追忆的区分。赖克写道:“记忆(Gedächtnis)的功能是保护印象;回忆(Erinnerung)的目的是瓦解它们。记忆本质上是保守的,回忆则是破坏性的。”③这些论述所依据的弗洛伊德的基本思想被概括为这样一个假说:“在留有记忆痕迹的地方出现意识。”④(这里,正如弗洛伊德在这部论著中的用法,记忆和回忆没有实质差别)因此,“与其他心

---

① 理智的追忆(mémoire de l'intelligence),这个概念见《追忆似水年华》第 1 部第 1 卷《贡布雷》。中译本译为“动脑筋才想到的”,李恒基译,译林出版社 1989 年版,第 46 页。——译者

② 赖克(Theodor Reik, 1888—1969),奥地利心理学家。——译者

③ 赖克:《惊异心理学》,莱顿,1935 年,第 132 页。

④ 弗洛伊德:《超越快乐原则》,维也纳,1923 年,第 31 页。参见林尘等译《弗洛伊德后期著作选》,上海译文出版社 1986 年版,第 25 页。——译者

理系统发生的情况不同，意识独有的特点在于，兴奋过程不会给意识要素留下持久的痕迹，而是在变得有意识的现象中消亡”。这个假说的基本公式是：“变得有意识和留下记忆痕迹是在同一系统里的两个不相容的过程。”更准确地说，“当留下记忆痕迹的过程是一个从未进入意识的过程时，(这些记忆痕迹)通常最强烈、最持久”。用普鲁斯特的术语说，这就意味着，只有从未被明确和有意识地体验到的东西，即没有成为主体者的经验的东西，才能变成不由自主的记忆的一个要素。按照弗洛伊德的观点，把造成“作为记忆基础的持久痕迹”归因于刺激过程，乃是属于“其他系统”的事情，它们应该被看作与意识不同的系统。① 按照弗洛伊德的看法，这种意识不是接收什么记忆痕迹，而是有另外的重要功能，即防御刺激。“对于有生命的机体来说，防御刺激较之接受刺激几乎是更重要的功能。这个保护层具有自己的能量，它最首要的任务是必须保护在自身中进行的那些特殊的能量转换形式，避免外部世界存在着的巨大能量威胁所带来的影响——这类影响试图抵消它们从而造

---

① 普鲁斯特一再地关注这些“其他系统”。他喜欢用肢体来代表它们。他经常说到储藏在肢体里的记忆印象——当大腿、手臂或肩胛在床上偶尔采取了一个姿势时，早先有过的印象会在没有意识指挥的情况下闯入记忆。“肢体的不由自主的记忆”是普鲁斯特最喜欢的一个主题(见普鲁斯特《追忆似水年华》第 1 部《在斯万家那边》，巴黎，1962 年，第 6 页)。——原注

见中译本第 1 部第 1 卷《贡布雷》，李恒基译，第 6 页：“躯壳的记忆，两肋、膝盖和肩膀的记忆，走马灯似的在我的眼前呈现出一连串我曾经居住过的房间……我的思想往往在时间和形式的门槛前犹豫，还没来得及根据各种情况核实某房的特征，我的身体却抢先回忆起每个房里的床是什么式样的，门是在哪个方向，窗户的采光情况如何。门外有没有楼道，以及我入睡时和醒来时都在想些什么”；“我的身躯，以及我赖以侧卧的半边身子，忠实地保存了我的思想所不应忘怀的一段往事”；“后来，新的姿势又产生新的回忆”。——译者

成破坏。"[①]来自这些外部能量的威胁也会造成一种休克[②]。意识越容易记录这些休克,它们就越不太可能造成创伤后果。精神分析理论努力想理解"基于它们(创伤性休克)突破防御刺激的保护层"的情况来理解这些创伤性休克的性质。按照这种理论,在"对焦虑缺乏任何准备"的情况下惊恐有"重要意义"。[③]

弗洛伊德的研究起因于创伤性神经症所特有的那种梦幻。这种病症会让病人梦见灾祸发生的情景。按照弗洛伊德的看法,这种梦"通过形成那些患者以前所缺乏的,因而导致创伤性神经症发生的焦虑,力图以回顾的形式来控制刺激"[④]。瓦莱里[⑤]似乎也有类似的想法。这种巧合是值得指出的,因为瓦莱里也属于在今天的条件下对心理机制的特殊功能怀有兴趣的人之列(此外,瓦莱里还能把这种兴趣与自己的诗歌创作结合起来,而他的诗几乎一直保持抒情风格。因此,他作为唯一直接承袭波德莱尔的作家脱颖而出)。瓦莱里写道:"人的印象和感官知觉实际上应归入惊异范畴;它们证明了人具有某种不足之处……回忆是……一种基本现象,旨在给我们时间来整理我们原本没有的应激感受。"[⑥]通过应

① 弗洛伊德:《超越快乐原则》,维也纳,第34页。参见林尘等译《弗洛伊德后期著作选》,第28页。——译者

② shock是这篇文章的关键词之一。根据语境,大多译为"震惊",有时译为"休克",但其含义应做一贯的理解。此外,也有学者主张将这个词译为"惊颤"。——译者

③ 弗洛伊德:《超越快乐原则》,维也纳,第41页。参见林尘等译《弗洛伊德后期著作选》,第32页。——译者

④ 弗洛伊德:《超越快乐原则》,维也纳,第42页。参见林尘等译《弗洛伊德后期著作选》,第33页。——译者

⑤ 瓦莱里(Paul Valéry, 1871—1945),法国诗人。——译者

⑥ 瓦莱里:《文集》,第2卷,巴黎,1960年,第741页。

付刺激方面的训练,有助于人们经受震惊;而且如果需要的话,做梦和回忆都可以用作训练。但是,通常——弗洛伊德就是这样设想——这种训练是基于清醒的意识展开的,位于大脑皮层的一部分。这部分"被刺激烘烤得那么彻底"[1],结果给接受刺激提供了最有利的条件。震惊由此得到缓冲,被意识避开了。这就使引发震惊的事故具有了严格意义上的体验性质。如果它被直接纳入有意识的记忆库里,后者将会把这一事故变得无法进入诗意体验。

问题本身提示了抒情诗如何能让这样一种经验,即以震惊经验为常态的经验,当作自己的基础。人们可以期待这种诗作包含大量的自觉意识;它们会暗示我们,在创作中有一个明确的计划。这种说法确实符合波德莱尔诗作的情况。这一点把波德莱尔和他的前辈爱伦·坡等人以及他的后继者瓦莱里等人联系起来。普鲁斯特和瓦莱里关于波德莱尔的论述幸好能够相辅相成。普鲁斯特写过一篇论波德莱尔的文章,但是其意义甚至不如他小说中的某些议论。瓦莱里的《波德莱尔的处境》一文对《恶之花》做了一个经典的导论。他写道:"波德莱尔的问题必然是这样的:成为一个伟大的诗人,但不同于拉马丁,不同于雨果,也不同于缪塞。我不是说,波德莱尔有这样一种自觉的抱负;但是它一定存在于他心中,这是他的'国家大计'。"[2]谈论一个诗人的"国家大计"是有些奇怪的。但是,在这方面有一种很明显的表现:要从经验的桎梏下

① 弗洛伊德:《超越快乐原则》,维也纳,第32页。参见林尘等译《弗洛伊德后期著作选》,第26页。——译者

② 波德莱尔:《恶之花》,瓦莱里写的导言,巴黎,1928年。

解放出来。波德莱尔的诗歌创作被赋予了一种使命。他预想了用他的诗作来填补的空白地带。他的作品不仅能像其他人的作品那样被归入历史性作品的范畴,而且他的作品也有志于此,并这样看待自己。

4

这种震惊因素在具体印象中占据的比重越大，意识也就必须更持久地像一个防御刺激的屏障那样保持警惕；它做得越有效，这些印象进入经验(Erfahrung)的可能性就越小。印象往往会成为体验(Erlebnis)，留在人一生的某个时刻的范围内。震惊防御机制的特殊成就或许体现为，它能够在意识中以牺牲内容的完整性为代价，把某一时刻指派给一个事故。这可能是理智的最高成就之一；它将把事故变成曾经体验过的一个时刻。如果没有反思，那么就只有一个突然的开端，通常是惊恐的感觉，而按照弗洛伊德的看法，惊恐证明了震惊防御机制的失败。波德莱尔用一个刺眼的意象描绘了这种状态。他说到，在一种艺术家的决斗中，艺术家在被击败前惊恐地尖叫。[①] 这种决斗就是创作过程本身。因此，波德莱尔把震惊经验置于他的艺术创作的中心。这幅得到一些同时代人证实的自画像具有重大意义。因为他本人很容易遭到惊吓，所以他也不免常常引起别人的惊恐。瓦莱斯向我们讲述了波德莱尔的古怪相貌；[②]根据纳吉奥[③]画的波德莱

---

① 转引自欧内斯特·雷诺：《夏尔·波德莱尔》，巴黎，1922年，第317页起。

② 于勒·瓦莱斯：《夏尔·波德莱尔》，载安德列·比利：《战斗的作家》，巴黎，1931年，第192页。

③ 纳吉奥(Clara Thénon Nargeot，1829—?)，法国人，身份不详。——译者

尔肖像，蓬马尔丹[①]断定他容貌吓人；克洛岱尔强调波德莱尔说话尖刻；戈蒂耶说，波德莱尔在背诵诗篇时慷慨激昂不能自拔；[②]纳达尔描写了他时急时停的步态。[③]

波德莱尔自画像

精神病学里有各种恐伤症。波德莱尔用他自己的精神和肉体致力于躲避震惊的伤害，不管震惊来自何方。这种震惊防御被鲜明地刻画在一种战斗姿态中。波德莱尔描写了他的朋友康斯坦丁·居伊。在整个巴黎沉睡的时候，他去探望居伊："……他是如何站在那里，俯身在他的桌子上，聚精会神地审视着一张纸，就像他白天观察周围的对象；他是如何用他的细毛笔、鹅毛笔和粗毛笔左右劈杀，把杯子里的水溅到天花板上，在他的衬衣上试用鹅毛笔；他是如何急速而紧张地从事着他的工作，仿佛担心他描绘的影像会逃脱掉；因此即便在他独自一人的时候，他也是斗志昂扬，而且要避开他自己的打击。"[④]在《太阳》这首诗的第一段，波德莱尔把自

① 蓬马尔丹(Armand Augustin Joseph Marie Ferrard, Comte de Pontmartin 1811—1890)，法国记者。——译者

② 见欧仁·马尔桑：《保罗·布尔热先生的手杖和菲林特的绝好选择》，巴黎，1923年，第239页。

③ 见费尔曼·梅拉尔：《知识分子的城市》，巴黎，1905年，第362页。

④ 波德莱尔：《作品集》，第2卷，第334页。

已描绘成正陷入这种疯狂的战斗;这可能是《恶之花》中唯一一处展示诗人的工作状况。

沿着古老的市郊,那儿的破房
都拉下了暗藏春色的百叶窗,
当毒辣的太阳用一支支火箭
射向城市和郊野,屋顶和麦田,
我独自去练习我奇异的剑术,
向四面八方嗅寻偶然的韵律,
绊在字眼上,像绊在石子路上,
有时碰上了长久梦想的诗行。①

震惊属于对波德莱尔的个性有决定性影响的经验之列。纪德曾经探讨过意象与理念、词与物之间的空隙。而这些空隙正是波德莱尔诗兴大发的地方。② 里维埃指出,波德莱尔的诗歌被暗地的震惊所震撼;它们似乎引起词语的坍塌。里维埃指出了那些摇摇欲坠的词语。③

谁知道我梦中的新的花枝,
在被冲洗得像沙滩的土壤里,

① 波德莱尔:《太阳》,钱春绮译本,第209页。——译者
② 纪德:《波德莱尔与法盖》,《文选》,巴黎,1921年,第128页。
③ 见雅克·里维埃:《研究》,巴黎,1948年,第14页。

能否找到活命的神秘的营养?①

爱他们的地母,在增添她的绿茵。②

这句著名的起首句也是一个例子:

你嫉妒过的那个好心的女婢。③

在他的格律诗之外也给予这些隐蔽的法则以应有的地位,这是波德莱尔在他的那组散文诗《巴黎的忧郁》中的意图。这个散文诗集是献给《新闻报》主编阿尔塞纳·乌塞耶的。波德莱尔在献词中写道:"我们之中谁没有过那种雄心勃勃的时刻,没有梦想过创造一个奇迹——写一篇充满诗意的、没有节奏、没有韵律却如乐曲般的散文,那么轻快流畅,那么断续跳跃,完全适应心灵的抒情颤动、梦幻的起伏波动、意识的突然惊厥?这种挥之不去的理想主要是大城市经验的产物,是与大城市繁复关系交错碰撞的产物。"④

这段话暗含着两点认识。首先,它告诉我们,在波德莱尔的作品中,震惊意象是与遭遇大都市大众有着紧密联系。其次,它告诉我们,这些大众实际上指的是什么。他们并不表示阶级或诸如此

① 波德莱尔:《大敌》,钱春绮译本,第33页。——译者

② 波德莱尔:《旅行的波希米亚人》,参见钱春绮译本,第38页,译文略有不同。——译者

③ 波德莱尔:《你嫉妒过的那个好心的女婢》,钱春绮译本,第249页。——译者

④ 波德莱尔:《作品集》,第1卷,第405页起。

类的集体；他们只是过往行人的乌合之众，是大街上的人群。① 波德莱尔早就意识到这种人群的存在。他们并不是他的任何一部作品的模特，但是他们作为一种隐蔽的形象在他的创作上留下印记。他们组成了隐藏在前面引文中的形象。我们会从中看到剑客的意象。他的劈杀是为了给自己打开一条穿越人群的道路。诚然，《太阳》中诗人择路穿行的是被遗弃的“市郊”。但是，这种暗喻（它揭示了这段诗最深层的美妙）的含义可能在于，诗人正是在被遗弃的街道上，从词语、片断和句头组成的幽灵群中夺取诗的战利品。

---

① 赋予这种人群以灵魂，这是闲逛者的一个特殊意图。他与人群的遭遇乃是他不厌其烦地讲述的一个经验。对这种幻觉的反思，是波德莱尔作品的组成部分。这至今仍具有活力。于勒·罗曼提倡的一致主义就是这种传统最近的一次令人赞叹的高潮。——原注

于勒·罗曼（Jules Romains 1885—1972），法国作家。一致主义（Unanimisme）是他在20世纪初倡导的文学运动。——译者

5

人群——没有什么主题比这个主题更吸引19世纪作家的注意力了。他们正在准备形成一个包括广泛阶层的、具备了阅读技能的公众。他们变成了消费者。就像中世纪的恩主希望在绘画作品上留下自己的肖像，人群也希望在当代小说中留下自己的身影。19世纪最成功的作家满足了这种出自内心需要的要求。对于他来说，人群就意味着几乎是古老意义上的门客群体，(读者)大众。维克多·雨果第一个用书名向人群致意:《悲惨的人们》(中文译名《悲惨世界》)、《海上劳工》。在法国，雨果是唯一一个能够与连载小说较量的作家。众所周知，欧仁·苏是连载小说的大师。对于普通市民来说，连载小说开始成为一个启示来源。1850年，他以压倒优势当选为议会中的巴黎议员。年轻的马克思选择欧仁·苏的《巴黎的秘密》作为攻击对象，并非出于偶然。马克思早就认为，自己的任务是把受到唯美社会主义吹捧的乌合之众铸造成无产阶级钢铁。恩格斯早期著作对这些大众的描写可以看作是马克思的一个主题的朴素的序曲。恩格斯在《英国工人阶级的状况》中写道:“像伦敦这样的城市，就是逛上几个钟头也看不到它的尽头，而且也遇不到表明接近开阔田野的些许征象——这样的城市是一个非常特别的东西。这种大规模的集中，250万人口这样聚集在一个地方，使这250万人的力量增加了100倍……但是，为这一切付出了多大的代价,这只有在以后才看得清楚。只有在大街上挤上几天……才会开始察觉到,伦敦人为了创造充满他们城市的一切文明奇迹,不得不牺牲他们的人类本性的优良特点;才会察觉到,潜伏在他们每一个人身上的几百种力量都没有使用出来,而是被压制着……这种街道的拥挤中已经包含着某种丑恶的、违反人性的东西。难道这些群集在街头的代表着各阶级和各个等级的成千上万的人,不都具有同样的特质和能力,同样是渴求幸福的人吗? ……可是他们彼此从身旁匆匆走过,好像他们之间没有任何共同的地方。好像他们彼此毫不相干,只在一点上建立了一种默契,就是行人必须在人行道上靠右边行走,以免阻碍迎面走来的人;谁对谁连看一眼也没想到,所有这些人越是聚集在一个小小的空间,每个人在追逐私人利益时的这种可怕的冷漠,这种不近人情的孤僻就愈使人难堪、愈是可怕。"①

这种描写明显不同于法国那些二流大师,如戈兹兰、德尔沃或吕兰②等人的描写。这里没有闲逛者在人群中穿行的那种技巧和轻松——这些也是新闻记者特别想从闲逛者那里学到的东西。恩格斯面对人群感到惊愕。他做出了道义上的反应,也做出了美学上的反应;人们彼此从身旁匆匆走过的速度使他感到不安。他这段描写的魅力在于里面交织着一种坚定的批判正气和一种老派态度。恩格斯来自当时仍很落后的德国;他可能从未面对过在人流

① 恩格斯:《英国工人阶级状况》,《马克思恩格斯全集》中文版(1957年版),第2卷,第303—304页。——译者

② 戈兹兰(Léon Gozlan,1803—1866),法国新闻记者、小说家。吕兰(Louis Lurine,1816—1860),法国作家。——译者

中迷失自我的诱惑。黑格尔在去世前不久第一次到巴黎。他写信给妻子说:“当我沿街散步时,人们看上去完全和他们在柏林的样子一样;他们穿着同样的服装,面孔大体相同——同样的外表,只不过这里是一大群人。”①走进人群,对于一个巴黎人来说,这是太自然不过的事情。无论他小心地与人群保持多大的距离,他还是会被人群所影响,因此,与恩格斯不同,他不能站在外面来看待人群。至于波德莱尔,大众对于他是一切,而不是外在于他的。实际上,在他的作品中很容易发现他对于人群的吸引和诱惑如何做出防御性的反应。

大众成为波德莱尔骨髓里的一部分,以至于在他的作品中几乎找不到对他们的描写。他的最重要的主题几乎都没有用直接描写的形式来表现。正如德雅尔丹准确地指出的,他“更关心把意象植入记忆,而不是装饰和加工它”②。如果在《恶之花》或《巴黎的忧郁》中寻找和雨果以大手笔描绘的城市画面相类似的篇章,肯定会徒劳无功。波德莱尔既没有描写巴黎人,也没有描写他们的城市。放弃这种描写反而使他能够左右逢源借题发挥。他笔下的人群永远是大城市的人群,他笔下的巴黎永远是人满为患。正是这一点使他远远高于奥古斯特·巴比埃。巴比埃的描写方法曾造成

① 黑格尔:《全集》,第19卷,莱比锡,1887年,第2册,第257页。

② 德雅尔丹:《夏尔·波德莱尔》,载《蓝色杂志》,巴黎,1887年,第23页。

大众与这座城市之间的分裂。[1] 在《巴黎风光》[2]中,人群的秘密在场几乎处处有迹可循。当波德莱尔把黎明作为题材时,被遗弃的街道散发出雨果在巴黎夜间所感受到的那种"麇集的沉寂"[3]。当波德莱尔观看塞纳河岸销售的解剖学著作的插图时,一大群逝者取代了这些插图上的单个骸骨。[4] 在"骷髅舞"的形象中,他看到了一群拥挤的人在跃动。[5] 组诗《小老太婆》依次描写了枯瘦的老太婆,她们的英雄主义体现为她们屹立在人群之外,不能跟上它的步伐,也不再让自己的思想参与当前的事情。大众是一层骚动不

---

① 巴比埃的方法典型地体现在他的诗《伦敦》中。这首诗有 24 行,描写了伦敦这座城市,最后很别扭地用这样的句子来结束:

最后,在巨大而阴沉的物质堆积中,
一个黝黑的人群,在沉默中生活和死亡,
成千上万的生命,跟随着不幸的本能,
用善的手段和恶的手段追逐黄金。

(奥古斯特·巴比埃:《讽刺诗和其他诗》,巴黎,1841 年)巴比埃的倾向鲜明的诗作,尤其是伦敦组诗《拉扎尔》(巴黎的传染病院)比人们愿意承认的程度更深地影响了波德莱尔。波德莱尔的《黄昏》是这样结束的:

他们气数尽了,走向公共深渊,
医院里充满了他们的呻吟。——今晚
有几个不能再回到爱人身旁,
到炉边去寻求香喷喷的羹汤。(钱春绮译《恶之花》,第 238 页)

不妨将此与巴比埃的《纽卡斯尔的矿工》第 8 段的结尾做一比较:

不止一人在内心深处梦见
回家,甜蜜的家,妻子蓝色的眼睛,
在深坑的凹处找到永久的坟墓。

② 《巴黎风光》是《恶之花》一部分的标题。——译者

③ 见《黎明》,钱春绮译本,第 257—258 页。——译者

④ 见《骸骨农民》,钱春绮译本,第 233—235 页。——译者

⑤ 见《骷髅舞》,钱春绮译本,第 241—245 页。——译者

安的面纱。波德莱尔透过它来看巴黎。[1] 大众的在场决定了《恶之花》中最著名的诗篇之一。

在十四行诗《给一位交臂而过的妇女》中，没有任何一个词或一个说法提到人群。但是，事情的整个过程都以它为依托，正如一艘帆船乘风才能破浪。

大街在我的周围震耳欲聋地喧嚷。
走过一位穿重孝、显出严峻的哀愁、
瘦长苗条的妇女，用一只美丽的手
摇摇地撩起她那饰着花边的裙裳；

轻捷而高贵，露出宛如雕像的小腿。
从她那像孕育着风暴的铅色天空
一样的眼中，我犹如癫狂者浑身颤动，
畅饮销魂的欢乐和那迷人的优美。

电光一闪……随后是黑夜！——用你的一瞥
突然使我如获重生的、消逝的丽人，
难道除了在来世，就不能再见到你？

去了！远了！太迟了！也许永远不可能！

① 那种让人们期待着去逍遥的幻象，由帝国送给巴黎人的、由拱廊组成的新威尼斯，作为一种梦幻，仅仅通过它的马赛克传送带传送给少数人。这就是为什么波德莱尔笔下没有描写拱廊。

因为，今后的我们，彼此都行踪不明，

尽管你已经知道我曾经对你钟情！①

一个不认识的女人戴着寡妇的面纱，被人群神秘地和无声地带了过来，从而进入诗人的视野。简单地说，这首十四行诗传递的信息是：不是把人群当作一种对立的、敌对的因素来体验，正是人群给城市居民带来了迷人的形象。都市诗人的欢乐在于那种爱情——不是“一见钟情”(love at first sight)，而是“最后一瞥之恋”(love at last sight)。在诗里，销魂的瞬间恰是永别的时刻。因此，这首十四行诗提供的是震惊的形象，实际上是悲剧的结局。但是，诗人情感的性质也受到了影响。使他的身体在颤抖中缩紧的——波德莱尔所说的“犹如癫狂者浑身颤动”——不是一个人因全部神经充满了“爱欲”而引起的狂喜，更像是一种能够袭扰孤独男子的色情震惊。蒂博代指出：“这些诗只能是在大城市里写的”②，但这一事实并没有太大的意义。这些诗揭示了大都市生活使爱情遭受的耻辱。普鲁斯特就是从这个角度来读解这首十四行诗的。这也就是为什么他后来作为呼应，让这个服丧女人有一天以阿尔贝蒂娜的形象出现，并给她一个招魂的名称“巴黎女人”。“阿尔贝蒂娜回我屋里来时，穿着一条黑色缎子长裙，更显得面色潦白，就像个由于缺乏新鲜空气，由于到处都是人群的氛围，或许还由于不够检点的生活习惯而变得苍白、热情、孱弱的巴黎女人，那双眼睛因为

① 波德莱尔：《给一位交臂而过的妇女》，见钱春绮译本，第232页。译文稍有改动。——译者

② 蒂博代：《室内》，巴黎，1924年，第22页。

没有了脸颊上红晕的辉映，看上去更显得忧虑不安了。”[1]这就是只有城市居民才能体验的爱情对象的容貌，晚至普鲁斯特还看到了它。波德莱尔捕捉这种爱情来谱写诗篇。关于这种爱情，人们大概常常会说，它与其说是一种被拒斥的满足，不如说是一种被省略的满足。[2]

---

① 普鲁斯特：《追忆似水年华》，第5部《女囚》。见中译本下册第5部，周克希、张小鲁、张寅德译，译林出版社1994年版，第58页。——译者

② 斯特凡·格奥尔格早期的一首诗就是以对交臂而过的女人的爱慕为主题。诗人忽略了一件重要的事情：那个女人行进于其中的人群潮流。结果，这首诗成了一首浮夸的哀歌。诗人的目光——因此他必须向他爱慕的妇人承认——“转向别处，含着渴望的泪水/不敢与你的目光交融”（斯特凡·格奥尔格：《赞美诗，朝圣，抒情诗人》，第7版，柏林，1922年，第23页）。无疑，波德莱尔看到了交臂而过的女人的眼睛深处。

6

在各种关于人群主题的早期作品中，波德莱尔翻译的爱伦·坡的一篇小说可以被视为一个经典范例。它具有某些明显的特征。基于更细致的考察可以看出，这些特征揭示了这些威力很大且深不可测的社会力量的面貌。我们可以把这些力量算做本身就能够对艺术创作产生微妙而深刻影响的那些因素里。这篇小说的题目是《人群中的人》。故事的场景是伦敦。叙述者是一个男子。他在大病一场后，第一次冒险外出，再次卷入这座城市熙熙攘攘的生活。在一个秋日的傍晚时分，他坐在伦敦一家大咖啡馆的窗户后面。他逐一打量其他顾客，仔细阅读报纸上的广告，但是他的兴趣中心是窗外街上蜂拥而过的人群。“这条街是这座城市的主要大道之一，整天都是熙熙攘攘。但是，随着夜幕降临，拥挤的程度陡然增加；到汽灯点亮的时候，有两股源源不断的人潮在窗外蜂拥穿行。在晚上的这个特定时刻，我以前从未经历过同样的处境。人头攒动的喧嚣海洋因此使我心中充满了非常愉悦的新奇感。我最终放弃了对旅馆里事物的所有兴趣。陷入对外面景象的沉思。”这段叙述很重要，是后面故事的一个序幕，但还是让我们抛开故事，考察一下场景。

按照爱伦·坡的描写，伦敦人群的面貌就像头顶上的汽灯，既晦暗不清，又时隐时现。这不仅适合于夜幕降临时“从洞穴中爬出来”的底层民众。对高级雇员，即那些“殷实商号的高层职员”，爱伦·坡做了这样的描写：“他们都稍微有点谢顶，因为右耳长期夹笔杆，普遍有向外支棱的怪样。我注意到，他们总是用双手脱帽子和放帽子，他们戴着怀表，金表链不太长、样式庄重老派。”他对人群移动的描写更引人注目。“行人中的很大一部分都有一种志得意满、公务在身的样子，似乎只想着如何冲出重围。他们皱着眉头，眼睛滴溜溜地转动。如果被其他行人碰撞了，他们绝不会表现出不耐烦，而是整理一下服装，继续匆匆赶路。也有为数不少的人在走路时显得不安，红着脸，对自己嘟嘟囔囔，做着手势，仿佛在摩肩擦背的人流中感到孤独。当他们行路受阻时，会突然停止说话，但是手势反而加强了。他们在等待阻挡他们的人走开时，嘴角上挂着漫不经心的夸张微笑。如果他们被人碰撞，他们会对碰撞者频频点头鞠躬，显得非常窘迫不安。”①有人会以为爱伦·坡说的是那些喝得半醉的倒霉蛋。其实，他说的是“上等人、生意人、律

① 《下雨天》这首诗有一段与这段文字相似。尽管这首诗署的是另外一个人的名字，但它应该是波德莱尔的作品。它的最后一句使得这首诗具有一种极其阴沉的性质。而这一节与《人群中的人》的一段文字完全呼应。爱伦·坡写道：“汽灯的光线最初很微弱，与奄奄待毙的白昼进行着较量，现在终于大获全胜，给万物罩上一种闪烁不定的、艳丽俗气的光亮。一切都是既昏暗又辉煌——就像被比作德尔图良风格的乌檀。”这种巧合更令人惊讶之处在于，下面这段诗最晚写于1843年，而那个时候波德莱尔还不知道爱伦·坡。

在光滑的便道上与我们摩肩接踵的每一个人，
自私而野蛮，擦肩而过，溅污我们，
或者因为要跑得快些，把我们推到一边。
污泥、雨水、天空昏暗：
这是阴沉的以西结会梦见到的阴森景象。

师、股票经纪人”①。

爱伦·坡的表现手法不能称作现实主义。它显示了一种故意曲扭的想象。这使他的作品与通常所宣传的社会现实主义模式相去甚远。巴比埃可能是我们能够想到的这种现实主义的最好样板之一。他在描写事物时就不那么乖僻。而且,他选择更明确的主题:被压迫大众。爱伦·坡不太关注这种主题。他处理的是“人们”,仅此而已。与恩格斯一样,在他看来,在他们展现的场面中存在着某种威胁。恰恰是这种大城市人群的意象对波德莱尔具有决定性意义。即便他可能屈从于他们的吸引力,而且作为一个闲逛者而成为他们的一员,但是他无法摆脱从根本上认为人群具有非人性的意识。即便他游离于他们,但他还是成为他们的同谋。他深深地卷入他们,但完全是为了用轻蔑的一瞥把他们送入忘川。他谨慎地承认的这种矛盾心理中有某种扣人心弦的东西。或许,他的《黄昏》的难以解释的魅力就与此相关。

① 爱伦·坡笔下的生意人有种恶魔气息。人们会想到马克思的看法。马克思把美国的“物质生产所具有的狂热而充满青春活力的步伐”归因于“(那里)没有给予人们时间或机会来结束旧的幽灵世界”。在波德莱尔的笔下,随着夜幕降临,“邪恶的魔鬼们在大气中像生意人一样张开惺忪睡眼”。(参见钱春绮译本,第237页)《黄昏》中的这句诗可能受到爱伦·坡作品的启发。

7

波德莱尔认为，“人群中的人”，即爱伦・坡笔下的叙述者在伦敦夜晚的茫茫人海中所追踪的人，与闲逛者很适合等量齐观。[①]我们很难接受这种观点。人群中的人不是闲逛者。在他身上，泰然自若让位给躁动不安。因此，毋宁说他体现的是，一旦闲逛者被迫脱离了他自己所依附的环境他会变成什么样子。即使伦敦给他提供了这种环境，它也不是爱伦・坡描写的场景。相比之下，波德莱尔笔下的巴黎保存了可以追溯到欢乐昔日的某些特征。在后来建起拱桥的地方，当时还有渡船往来于塞纳河两岸。到波德莱尔去世那一年，一个企业家还能用在巴黎全城环行的500辆花轿马车，提供富人的舒适享受。闲逛者在拱廊里不会遇到不把行人放在眼里的轿车，因此拱廊一直被人们所称道。[②] 这里既有愿意被人群推来搡去的行人，也有要求保留一臂间隔的距离、不愿放弃悠闲绅士生活的闲逛者。让多数人去关心他们的日常事务吧！悠闲的人能沉溺于那种闲逛者的漫游，只要他本身已经无所归依。他

---

① 参见波德莱尔：《作品集》，第2卷，第328—335页。

② 行人懂得在某些场合如何挑衅式地展示他们的安之若素。在1840年前后，一度流行带着乌龟在拱廊里散步。闲逛者喜欢跟着乌龟的速度散步。如果他们能够随心所欲，社会进步就不得不来适应这种节奏了。但是这种态度没有流行开来。鼓吹“消灭懒散”的泰勒赢得了胜利。

在彻底悠闲的环境中如同在城市的喧嚣躁动中一样无所归依。伦敦有其特有的“人群中的人”。与之相对应的是街头小子菲迪南·南特,这是1848年三月革命前柏林的一个流行形象;[①]应该说,(巴黎的)闲逛者是介于他们二者之间的。

E. T. A. 霍夫曼的一个小说片断揭示了悠闲者是如何观看人群的。这是他写的最后一部小说,题目是《表弟的街角窗户》。它比爱伦·坡的那篇小说早问世15年。它可能是最早捕捉大城市街头景象的尝试之一。这两篇小说的差异值得一提。爱伦·坡笔下的叙述者是坐在一个公共咖啡馆的窗户后面观察外界的,而表弟是坐在家里。爱伦·坡笔下的观察者经受不住外界景象的诱惑,最终走出去陷入人群的漩涡。霍夫曼笔下的表弟是从街角窗户向外张望。他就像一个瘫痪病人一样一动不动。即便他身处人群之中,他也不会随波逐流。他对待人群是一种居高临下的态度,这也是他位于公寓楼窗户的观察位置所唤起的。他从这个制高点审视着麇集的人群。这是集市的日子。所有的人都觉得各得其所。他的剧场望远镜使他能够挑选各种不同样式的场面。使用这个工具完全符合这位使用者的内心状态。正如他自己所承认的,[②]他愿

---

① 在格拉斯布伦纳创造的这个角色中,这个悠闲者是作为一个微不足道的“公民”(18世纪末法国革命时期的称呼——译者)的后裔出现的。南特这个柏林街头小子无所用心。他以街头为家,那里很自然地让他无处可去,而且他在那里像小市民待在自己的房间里一样自在。——原注

格拉斯布伦纳(Adolf Glassbrenner, 1810—1876),德国讽刺作家。他在一系列小册子中创造了一个打零工的街头小子南特的形象。1832年,喜剧演员贝克曼编剧并主演喜剧《被审讯的南特》,大获成功。——译者

② E. T. A. 霍夫曼:《文集》,第14卷;尤利乌斯·爱德华·希特齐格撰写的《生平与遗产》,第2卷,斯图加特,1839年,第205页。

意向他的客人传授“观看艺术的原则”。[①] 这是一种欣赏“活人画”的能力——这种画是比德迈时期人们的一种偏爱。[②] 小说用警句格言来提供解释。[③] 人们可以把这种叙述方式看作当时理所当然的尝试。但是，很显然，当时柏林的环境使这种尝试不能取得完全的成功。如果霍夫曼曾经驻足巴黎或伦敦，或者如果他有意描写这样的大众，那么他就不会把目光局限在市场上，也不会把这个场景描写成是由女人主宰的，而是会捕捉爱伦·坡从汽灯下的密集人群中提取的主题。事实上本来并不需要用这样的主题来揭示其他大城市面貌研究者已经感受到的那些怪异因素。海涅的一个非常深沉的见解用在这里倒很贴切。一位记者在1838年给法恩哈根[④]的一封信中写道：“海涅的视力使他在这个春天非常痛苦。我最后一次陪他沿着一条林荫大道散步。这条独特的大道的辉煌和勃勃生机引起我无限的赞叹，而这一次这些景象却促使海涅提出一个重要观点：他强调这个世界中心具有恐怖的气息。”[⑤]

---

① 值得注意的是，究竟是什么导致了这种自白。客人说，表弟观察下面熙熙攘攘的景象仅仅是因为他喜欢色彩变幻的游戏；他说，他最终会厌倦的。此后不久，果戈理也以类似的语气描写了乌克兰的一个集市：“这么多的人在涌向那里，让人看得眼花。”热闹人群的日常场景有可能会成为一种让人们的眼睛不得不去适应的景观。基于这种假定，可以推想，一旦眼睛完成了这一任务，就会希望有机会来检测自己新获得的本领。这将意味着，印象派绘画的技巧（通过一片点彩而完成一幅画）应该是反映了大城市居民的眼睛所熟悉的经验。诸如莫奈的《查尔特勒教堂》是对这种假说的一个图解。画上的教堂就像密密麻麻的石头堆砌。

② 活人画（tableau vivant），由活人扮演的静态场景。——译者

③ 在霍夫曼的这篇小说中，他让那个仰望天空的瞎子做警世思考。波德莱尔知道这篇小说。他用《盲人们》的最后一行修正了霍夫曼的观点，否定了盲人思考的警世性质：“盲人们向天空寻求什么？”（参见钱春绮译本，第231页。——译者）

④ 法恩哈根（Karl August Varnhagen von Ense，1785—1858），德国作家、外交家。——译者

⑤ 海涅：《谈话、书信、日记、同时代人的报道》，柏林，1926年，第163页。

8

第一次看到大城市人群的人,会感到害怕、厌恶和恐怖。对于爱伦·坡来说,这种密集人群是一种原始野蛮现象;只有用纪律才能勉强驯服它。后来,詹姆斯·恩索尔[①]一而再、再而三地让人群的纪律与人群的狂野相对峙。他喜欢在乌合之众的狂欢画面里安置军队,而且双方极其融洽——就好像是警察与强盗合作的极权国家的原型。瓦莱里有一双慧眼,能够看出所谓"文明"的综合症状。他描述出一个非常要紧的现象。他写道:"大城市的居民退回到野蛮状态,即孤立状态。对他人的依赖感过去因生存需要而得以维系,现在则在社会机制的平滑运作中逐渐减弱。这种机制的每一改进都会消灭某些行为方式和情感方式。"[②]安逸使人相互隔绝,同时又使得享受安逸者进一步被机械化。19 世纪中期火柴的发明引发了一系列发明。它们的共同之处在于,手的一个突然动作就能够启动由许多步骤组成的进程。这种进步发生在许多领域。一个典型的例子是电话。拿起听筒的动作取代了以前需要摇动旧式电话摇柄的持续动作。在拨、插、按等等无数动作中,摄影师"按快门"的动作具有最重大的后果。手指一触就足以使一个事

---

① 恩索尔(James Ensor,1860—1949),比利时画家、版画家。——译者

② 瓦莱里:《全集》,第 588 页。

件永久流传。照相机使一个瞬间具有事后的震惊效果。除了这种触觉经验,人们还有报纸的广告版或大城市的交通状况所提供的视觉经验。在这种车流人流中穿行,人会遭遇一系列震惊和冲撞。在危险的交叉路口,神经冲动会像电池的能量一样快速而连续地传遍他的身体。波德莱尔说过,一个人陷入人群就像掉进一个蓄电池。他把这个外接震惊经验的人称作"一个装备了意识的万花筒"①。如果说爱伦·坡笔下的过路人四处张望还显得漫无目的,那么今天的行人则是不得不四处张望,为的是跟上交通信号。因此,技术已经迫使人的感觉器官接受复杂的训练。终于有一天,电影满足了人们对刺激的新的急切需求。在电影里,震惊(震撼)作为感受方式被确立为一个正式的原则。那种决定传送带生产节奏的东西也是人们感受电影节奏的基础。

马克思非常有理由强调体力劳动各部门之间联系的巨大流动性。这种联系对于工厂流水线上的工人来说表现为一种独立的、物化的形式。被加工的产品完全与工人的意志无关。它强行进入工人的工作范围,又强行离开这个工人。马克思写道:"一切资本主义生产……都有一个共同点,即不是工人使用劳动工具,相反地,而是劳动工具使用工人。不过这种颠倒只是随着机器的采用才取得了在技术上很明显的现实性。"②在用机器工作时,工人要学会使自己的动作"和大自动机的始终如一的规则性协调一致"③。这些论述特别揭示了爱伦·坡想赋予人群的那种统一

① 波德莱尔:《作品集》,第2卷,第333页。

② 马克思:《资本论》,第1卷,第13章。

③ 同上注。

性——不仅服装和行为统一，而且面部表情也统一——的荒诞。那些笑容提供了令人思考的东西。[①] 它们可能是人们司空见惯的那种样子，即人们常说的“保持微笑”所表现出来的样子；在那种语境里，它们起了一种表情减震器的作用。基于上面那段论述，马克思指出：“所有的机器劳动都需要先对工人进行训练。”[②]这种训练是从实习分化出来的。实习是手工业技能的唯一决定因素，在现代制造业中依然具有一定的作用。在此基础上，“每一个特殊的生产部门都通过经验找到适合于自己的技术形式，慢慢地使它完善。”诚然，“一旦达到了一定的成熟程度”，情况很快就固定下来了。[③] 另一方面，这种工场手工业“在它掌握的每种手工业中，造成了一类所谓的非熟练工人，这些工人是手工业生产极端排斥的。工场手工业靠牺牲整个劳动能力使非常片面的专长发展成技艺，同时它又使没有任何发展成为专长。在等级制度的阶梯的旁边，工人简单地分为熟练工人和非熟练工人”。[④] 由于机器的训练，非熟练工人遭受最深的贬黜。他的工作不需要任何经验；实习在这里毫无价值。[⑤] 游乐园里碰碰车之类娱乐设施所提供的东西，不过是非熟练工人在工厂里被训练的那种滋味——那是一种尝试，但有时对于他来说就是全部；因为小丑技艺——打工者在游乐园等场所获得训练可成为一个小丑——的兴盛是与失业现象严重相

① 这里所说的笑容是爱伦·坡在《人群中的人》中的描述。——译者

② 马克思：《资本论》，第1卷，第13章。

③ 同上注。

④ 同上书，第12章。

⑤ 产业工人的培训期越短，士兵的训练期就变得越长。训练从生产实习转向破坏实习，这是社会为总体战争做准备的一部分。

辅相成。爱伦·坡的作品让我们懂得了野性与纪律之间的真正联系。他笔下的行人举手投足就像已经适应了机器的节奏,而且只能机械地表达自己的思想情感。他们的行为是对震惊的反应。“如果他们被人碰撞,他们会对碰撞者频频点头鞠躬,显得非常窘迫不安。”

9

行人在人群中的震惊体验是与工人在机器旁的体验相一致的。但我们不能因此推断，说爱伦·坡深谙工业劳动过程，波德莱尔则对此全然无知。但是，他被一种过程所吸引，从而能够把闲逛者当作一面镜子，仔细研究机器在工人身上所启动的反思机制。如果我们说，这个过程是一种赌博游戏，那么这种说法可能显得有些荒谬。难道人们还能找到什么比工作和赌博的反差更明显的吗？阿兰[①]很有说服力地指出："赌博概念中就包含着这样的意思：任何一局都不取决于前一局的结果。赌博中根本没有任何有保证的地位……先前获得的成功根本不在考虑之列。正是在这一点上，它与工作不同。赌博不理会过去，而工作则是以过去为基础。"[②]阿兰心目中的工作是极其专业化的（可能与智力劳动相似，保留着手艺的某些特点）；这不是大多数工厂工人的工作，至少不是非熟练工人的工作。诚然，后者没有冒险色彩，没有能够引诱赌徒的海市蜃楼。但是，它也不乏工厂中的工资奴隶的活动中固有的那种无聊、空虚和无奈。赌博甚至还包含着自动化操作所造成的工人姿态，因为在任何赌局中，无论下赌注还是抓牌，都少不了

---

① 阿兰（Emile Chartier Alain，1868—1951），法国哲学家。——译者

② 阿兰：《观念与时代》，巴黎，1927年，第1卷，第183页起。

手的飞快动作。机器运转时的颠簸就好像赌博中所谓的"掷骰子"。工人操作机器时与前面的操作动作没有联系,理由很简单:这些动作完全是重复。因为对机器的每一次操作都与上一次操作无关,正如赌博中的每一次"掷骰子"都与前一次无关,所以工人的单调工作在某种意义上与赌徒的单调活动如出一辙。二者的工作同样缺少内涵。

塞尼费尔德创作了一幅表现赌场的平版画。画中人物都不是按照惯常的方式进行赌博。每个人都表现出一种不同的情绪:一个人表现出不可抑制的快乐,另一个人则表现出对搭档的不信任,第三个人是彻底绝望的表情,第四个人摩拳擦掌,还有一个人则要与这个世界诀别。所有这些人都有一个共同的隐蔽的特点:这些形象向我们展示了赌博参加者所信赖的机制是如何控制了他们的身体与灵魂,甚至控制了他们的私人领域,而且无论他们是如何兴奋,他们也只能做出一种反射动作。他们的行为如同爱伦·坡小说中的行人。他们就像机器人那样生活,就像柏格森所虚构的那种完全丧失记忆的人物。

波德莱尔看来不是一个赌徒,但是他对那些赌博成瘾的人表达了友善的理解乃至敬意。① 在他的夜景诗《赌博》②中,他所探讨的主题乃是他的现代观的一部分。他把写这首诗看作自己的一份使命。在波德莱尔这里,赌徒形象是现代特有的形象,是对传统剑客形象的补充。对于他来说,二者都是英雄形象。路德维希·伯

① 参见波德莱尔:《作品集》,第1卷,第456页和第2卷,第630页。

② 《赌博》一诗,见钱春绮译本,第239—240页。——译者

尔内[1]在写下面这段文字的时候，他是通过波德莱尔的眼睛看世界的："如果能够把每年耗费在欧洲赌桌上的……所有精力和热情……都积存起来，那将足以塑造一个罗马民族和一部罗马历史。但也仅仅是如果而已。因为每一个人天生就是一个罗马人，而资产阶级社会则竭力使他非罗马化，这就是为什么现在有如此之多的赌博游戏、家庭游戏、小说、意大利歌剧以及流行报纸等等的原因。"[2]只是在19世纪，赌博才变成了资产阶级的一种普通消遣。在18世纪，只有贵族才赌博。赌博是被拿破仑的大军传到各地的，现在已经成为"时髦生活以及大城市底层千百种不稳定生活"的一部分，成为波德莱尔从中发现英雄的那种景观的一部分——"因为它是我们时代特有的"[3]。

如果我们不仅从技术角度，而且想从心理角度来考察赌博，那么波德莱尔的有关看法就显得更有意义了。很显然，赌徒都是想赢的。但是，人是不愿意把他的这种想赢、想赚钱的欲望称作严格意义上的愿望。他内心可能受到贪婪或某种邪恶决定的驱使。总之，他的精神状态使得他不可能更多地利用经验。[4] 但是，一个愿望就是一种经验。歌德说："人们在年轻时所愿望的东西，到老年

---

① 伯尔内(Ludwig Börne，1786—1937)，德国新闻记者、政论作家。——译者

② 伯尔内：《文集》，汉堡和法兰克福，1862年，第38页起。

③ 波德莱尔：《作品集》，第2卷，第135页。

④ 赌博时，经验失去了作为依据的作用。这可能是因为人们对此有一种模糊意识，以为"对经验的庸俗诉求"(康德语)在赌徒中特别流行。赌徒说"我的数字"时很类似于交际人士说"我这一型"。到第二帝国末期，这种态度十分流行。"在林荫大道上，人们习惯于把一切都归因于机遇。"打赌助长了这种倾向。打赌这种方式给一切事情都赋予了一种震惊性质，使一切事情都脱离了经验的背景。对于资产阶级来说，即便是政治事件也可能具有赌桌上突发事件的形式。

时会拥有很多。”在人生中，提出愿望的时间越早，实现它的机会就越大。一个愿望经历的时间越长，实现它的希望就越大。但是，陪伴一个人经历时间的、填充和分隔时间的是经验。因此，一个愿望得到满足乃是经验修成了正果。在民俗的象征体系中，空间距离取代了时间距离；这就是为什么坠入无限空间的流星成为愿望实现的象征。滚进邻近格子的象牙球，放在取胜王牌上面的那张牌都是流星的反面。流星是为一个人而闪耀的。这一瞬间包含了儒贝尔以素有的自信所描述的那种时间："甚至在永恒中可以发现时间。但这不是凡尘的、世间的时间……那种时间不会破坏什么，它只是完成什么。"[①]它是地狱时间的对立面：在地狱里人们无法完成他们已经启动的任何事情。赌博的声誉不好，其实是因为玩家本人在里面做手脚。（一个不可救药的彩票迷不会像更严格意义上的赌徒那样遭到唾弃。）

这种不断的重新开始是赌博的常规观念，也是工资劳动的常规观念。因此，在波德莱尔笔下，秒针成为赌徒的搭档，这是意味深长的：

> 别忘了，时间乃是贪婪的赌徒，
> 不用作弊而赢，这就是法则。[②]

在另一个地方，撒旦取代了这个秒针。[③]《赌博》一诗把那些

① 约瑟夫·儒贝尔：《感应引发的思考》，巴黎，1883年，第2卷，第162页。
② 波德莱尔：《时钟》，参见钱春绮译本，第204页，译文略有不同。——译者
③ 参见波德莱尔：《作品集》，第1卷，第455—459页。

不能自拔的赌徒打发到洞穴的沉寂角落。那里无疑也是撒旦王国的一部分。

> 这是我明察秋毫的眼睛在一次
> 夜梦之中曾经见到的阴暗的画面。
> 而我，也在这沉寂的魔窟的角落里，
> 看到自己撑着头、冷飕飕、沉默、羡慕，
> 羡慕这些人具有的顽强的嗜好。①

诗人并没有参与赌博。他站在自己的角落里，一点也不比赌博者更快乐。他也在经验之外被欺骗了——他也是一个现代人。唯一的差别在于，他拒绝服用麻醉剂，而赌徒则用麻醉剂来泯灭把自己托付给时间进程的那种清醒意识。②

> 我心里害怕，竟羡慕这许多狂热地

① 波德莱尔：《赌博》，钱春绮译本，第 240 页。——译者

② 这里所说的麻醉作用是专门针对时间而言的，就像它原来是用于缓解病痛一样。时间也成为由赌博幻象所编织成的物质。在《夜晚的死神》中，古尔东·德·热努伊雅写道："我认为，赌瘾是最高贵的激情，因为它能够把其他所有的激情淹没掉。一系列幸运的中奖给予我的快乐远胜于不赌博的人多少年所拥有的快乐……如果你以为我看到的仅仅是落到我手里的金钱，那你就错了。我是在金钱里看到了它给予我的快乐，我充分地享受这些快乐。它们来得太快，让我来不及厌倦它们。它们也来得太多，同样让我来不及厌倦它们。我这一辈子过了一百辈子的生活。当我旅游的时候，犹如风驰电掣一般……如果说我很吝啬，把我的钞票都积存起来而用于赌博，这是因为我知道，时间的价值太宝贵了，我不能像其他人那样把它存放在纸币里等它升值。我让自己享受某些享乐，是因为它们值得我放弃其他千百种享乐……我有智力上的享乐，不想要其他享乐。"在《伊壁鸠鲁的花园》里，阿纳托利·法朗士也有相似的对赌博的精彩论述。

向张开大口的深渊走去的可怜虫，
他们全喝饱自己的鲜血，归根到底，
苦痛胜于死亡，地狱胜于虚空！[①]

在这最后一节里，波德莱尔展示了赌博激情的基础，即急迫难耐。他在自己身上发现了它的最纯粹形式。他的暴躁脾气具有乔托[②]在帕多瓦创作的壁画《盛怒》的那种表情。

① 波德莱尔：《赌博》，参见钱春绮译本，第240页。译文略有不同。——译者
② 乔托(Giotto，1267—1337)，意大利画家。——译者

10

按照柏格森的说法，正是“绵延”的现实化使人的灵魂摆脱了时间的纠缠。普鲁斯特也持有同样的信念。基于这种信念，他毕生致力于一项事业，即展现那些由回忆所支撑的往事，而那些回忆是在他沉浸于无意识状态时渗透进他的思想的。普鲁斯特作为《恶之花》的读者是无与伦比的，因为他意识到，其中包含着与他同气相求的因素。对波德莱尔的了解应该包括普鲁斯特对波德莱尔的体会：“在波德莱尔那里，时间被很特别地切碎；只有很少的几天是展开的，它们是有意义的日子。由此可以理解为什么在他的作品中常常出现诸如‘有一个晚上’这样的字眼。”①借用儒贝尔的说法，这些有意义的日子是使时间得以“完成”的日子。它们是回忆的日子，不带有任何经验的记号。它们与其他日子没有联系，却是从时间里生发出来的。至于它们的本质，波德莱尔用“感应”(correspondence)这个概念来加以定义。在波德莱尔那里，这个概念是与“现代美”概念并行不悖的。

普鲁斯特根本不理睬关于“感应”的学术文献(“感应”是神秘主义者所偏爱的东西；波德莱尔是在傅立叶的著作中见到它的)，

---

① 普鲁斯特：《谈谈波德莱尔》，载《新法兰西文学评论》，第16期，1921年6月1日，第652页。

因此也不再关注通感[①]所造成的心随境变的艺术表现多样性。重要的是,"感应"记录了一个包含着膜拜因素的经验概念。只是通过利用这些因素,波德莱尔才能够探测到他作为一个现代人所目睹的天崩地坼的全部意义。只是通过这种方式,他才能从中看到仅仅向他提出的挑战。他在《恶之花》里承受了这种挑战。如果说这部作品里真的有一个秘密的结构——有许多人都曾经力图译解它,那么作为开篇的组诗很可能是献给某种永远失去的东西。这组诗包括两首同一主题的十四行诗。第一首的题目是《感应》。它是这样开始的:

> 自然是一座神殿,那里有活的柱子
> 不时发出一些含糊不清的语音;
> 行人经过此处,穿过象征的森林,
> 森林露出亲切的眼光对人注视。
>
> 仿佛远远传来一些悠长的回音,
> 互相混成幽昧而深邃的统一体,
> 像黑夜又像光明一样茫无边际,
> 芳香、色彩、音响全在互相感应。[②]

波德莱尔的《感应》可以说是描述一种力求成为危机抵御方式

① 通感(synaesthesia),又译联觉,是心理学概念。例如,表示听到某种声音而产生看见某种颜色的感觉。——译者

② 波德莱尔:《感应》,钱春绮译本,第 19 页。——译者

的经验。这只有在膜拜的领域里才可能做到。如果超越了这个领域,它就表现为美的事物。艺术的膜拜价值在这种美的事物里显露出来。①

感应是回忆的资料——不是历史资料,而是前史资料。使节日变得伟大而有意义的,是与先前生活的相遇。波德莱尔在一首题为《前生》的十四行诗里就记录了这种遭遇。这第二首十四行诗一开始就使用洞穴、植物、云天和海浪的意象。这些意象是出自满目的热泪,思乡的热泪。波德莱尔在评马塞利娜·戴博

① 可以用两种方式来界定美。一是它与历史的关系,二是它与自然的关系。在这两种关系里,美的外表,即那种有争议的美的因素都很明显。(让我们简略地说明一下第一种关系。鉴于其历史的存在,美是一种呼唤,要人们加入其最早欣赏者的行列。被美打动,也就是"到多数人那里去",即罗马人用来表示死亡的说法。按照这个定义,美的外表意味着,我们无法在作品里找到被人们欣赏的同一个对象。这种欣赏包含着历代前人在其中所欣赏的东西。歌德的话表达了这种智慧的结晶:"一切产生过巨大影响的事物其实是无法估价的。")美与自然的关系可以定义为,"即便是被蒙上面纱时也忠实于其最本质的自然"。感应会告诉我们这种面纱是什么。我们斗胆地将其简称为艺术作品的"复制形象"。感应就成了法庭。在这个法庭上艺术对象被确认是一个忠实的复制品——这当然就使它整个成问题了。如果我们试图通过语言来复制这个先验之物,那么我们就会把美定义为相似状态下的经验对象。这个定义可能与瓦莱里的概括不谋而合:"美可能要求对客体中无法界定的东西亦步亦趋地模仿。"如果说普鲁斯特特别乐意回到这个主题(在他的作品中,这个主题体现为被追忆的时间),我们不能说他说出了什么秘密。不过,他围绕着美的概念——即艺术的玄秘方面——啰里啰唆地堆砌他的思考,这可能是他的技巧中令人不安的特征之一。他讲述了自己作品的起源和意图,其流畅和文雅非常适合一个优雅的外行的身份。无疑这里与柏格森的有关论述是相互呼应的。在下面这段话里,这位哲学家阐明了不间断的生成流动在视觉现实化过程中的所有可能结果。这段话让人想到普鲁斯特的作品。"我们可以让我们日复一日的存在被这样的直观化所渗透,并因此(由于哲学思考)而享受类似艺术方面的满足;但是这种满足会更经常、更有规律,也更容易让普通人获得。"柏格森把瓦莱里那种更好的歌德式理解所直观化的东西视为"此时此地"。正是在"此时此地",不完美变成了现实。

尔德—瓦尔莫尔[1]的诗作时写道："散步者凝视着蒙上丧服的远方，不可抑制的泪水涌上他的眼眶。"[2]这里并没有出现共时性的感应，那种感应是需要后来的象征主义者加以培养的。在感应时，可以听到昔日的呢喃低语；而关于它们的惯常经验早已存在于前生中：

> 那些摇曳着碧空映像的海波，
> 用一种隆重而又神秘的方式，
> 把它丰美音乐的全能的调子
> 跟映入我眼中的落日余晖相混合。
>
> 我在那里游荡……[3]

普鲁斯特的追忆意愿始终局限于现世的生活，波德莱尔则超越了现世生活。这一事实可以被视为波德莱尔面对着无可比拟的更基本也更强大的对抗力量的表征。或许他在其他任何地方都不可能达到比他无奈地被这些力量所征服时更了不起的完美。《静思》追溯了深邃天空下古老岁月的寓言：

> ……瞧那些过去的年代，

① 马塞利娜·戴博尔德-瓦尔莫尔（Marceline Desbordes-Valmore，1785—1859），法国女诗人、女演员。——译者

② 波德莱尔：《作品集》，第2卷，第536页。

③ 波德莱尔：《前生》，参见钱春绮译本，第37页。译文略有不同。——译者

穿着古装,凭靠着天空的阳台。①

在这些诗句里,波德莱尔屈从地对久远的时代表示敬意,那些时代以过时为伪装而逃离他。当普鲁斯特在其作品的最后一卷回味玛德莱娜甜点的味道所引起他的全身感觉时,他想象着在阳台上的岁月,那些岁月是贡布雷岁月的亲密姐妹。“在波德莱尔的作品中,这种淡淡的回忆数量更多,它们显然不再那么偶发,因而,依我看来,也就具有决定性意义。只有他以这种悠闲的心境,带着更多的怠惰也更无所谓地——在一个女人的气息中,例如在她头发或乳房的气息中——觅寻着相互联通的感应,从而启迪他写出‘广袤而浑圆天空的蔚蓝’②和‘满眼旌旗和桅杆的海港’③”。④ 这段话乃是普鲁斯特作品的自白隽语。它表明了与波德莱尔作品的联系。正是在那种启发下,记忆中的日子组装成了一段精神岁月。

但是如果《恶之花》所包含的仅仅是这种成功,那它就不是它了。它之所以独特,是因为它能够从同一种安慰的无效、同一种热情的衰弱、同一种努力的失败中提取出诗意,而且这些诗作绝不逊于那些让感应大行其道的诗作。《忧郁与理想》是《恶之花》的第一组。《理想》提供了回忆的力量;《忧郁》则调集了无数的分分秒秒来与之对抗。它是它们的司令,正如魔鬼是苍蝇的主宰。忧郁组

---

① 波德莱尔:《静思》,钱春绮译本,第400页。——译者

② 波德莱尔:《头发》,参见钱春绮译本,第63页,译文略有不同。——译者

③ 波德莱尔:《异国的清香》,参见钱春绮译本,第60页,译文略有不同。——译者

④ 普鲁斯特:《追忆似水年华》第8卷《重现的时光》,巴黎,1927年,第82页起。见中译本下册第7部,徐和瑾、周国强译,译林出版社1994年版,第531页。译文略有不同。——译者

诗之一《虚无的滋味》表示："可爱的春天，它的香味已然丧失！"[①]在这句诗里，波德莱尔极其谨慎地表达了某种极端的东西；这使它绝对无误地成为他特有的东西。"丧失"(perdu)这个词承认了他曾经拥有的经验现已崩溃。香味是"不由自主的记忆"的隐身处。它不太可能与视觉意象发生联系。在所有的感性印象中，它仅仅与同样的香味建立联系。如果对一种香味的辨认比其他任何回忆更有可能给予人以安慰的话，这可能是由于它深度地麻醉了人的时间意识。一种气味可能把岁月淹没在它让人回想起的滋味里。这就使波德莱尔的诗句具有了一种无限感伤的意味。对于往事如烟的人，没有任何慰藉可言。但正是这种无法重温的无奈成为愤怒的根由。一个怒气冲天的人"不会倾听"；他的原型泰门[②]不分青红皂白地对一切人发火。他已经不能区分谁是可靠的朋友，谁是可憎的仇敌。道勒维十分敏锐地发现了波德莱尔身上存在着这种状况，把他称作"具有阿基罗库斯[③]式天才的泰门"[④]。愤怒按照分分秒秒的跳动阵阵发作。忧郁者是这种时间的奴隶。

> 时间在一分钟一分钟地吞噬我，
> 仿佛大雪无尽地覆盖一具冻僵的尸首。[⑤]

---

① 波德莱尔：《虚无的滋味》，钱译本，第190页。——译者

② 泰门是莎士比亚剧作《雅典的泰门》的主人公。——译者

③ 阿基罗库斯(Archilochus)，公元前7世纪诗人，现存残句。——译者

④ 道勒维：《19世纪。作品与人》，第1卷，第3部分《诗人》，巴黎，1862年，第381页。

⑤ 波德莱尔：《虚无的滋味》，参见钱春绮译本，第191页。译文略有不同。——译者

这两句紧接着前面引的那一句（“可爱的春天……”）。在《忧郁》里，时间变得可以被触摸到了。分分秒秒就像雪花一样覆盖着人。这种时间是在历史之外的，正如它在“不由自主的记忆”之外。但是在《忧郁》里，对时间的感受具有超自然的敏锐；意识已经准备着接受分分秒秒给予的打击。①

尽管编年表把规律性置于永恒性之上，但是它不能不让异质的、醒目的碎片留在里面。日历的任务就是把质量鉴别与数量测定结合起来：用节日的形式给记忆留出空间。失去了经验能力的人就觉得他仿佛远离了日历。大城市居民在星期天就有这种感觉；在忧郁组诗中的一首诗里，波德莱尔就对此做了模糊的表达：

那些大钟突然暴跳如雷，
向长空发出一阵恐怖的咆哮，
像那些无家可归的游魂野鬼，
那样顽固执拗，开始放声哀号。②

大钟曾经是节日的一部分，现在也和人一样脱离了日历。它们就像可怜的游魂野鬼，漂流在历史之外。如果说波德莱尔在《忧郁》和《前生》中抓住了真正历史经验的碎片，那么柏格森在他的

① 可以说，在神秘小说《孟诺斯和尤娜的对白》中，爱伦·坡把空洞的时间系列塞进绵延的时间中，并且让情绪“忧郁”的人沉溺于这种时间系列，结果他似乎把这视为一种幸福，因为他现在摆脱了时间的恐怖。这是逝者才具有的“第六感”，体现为一种甚至在空洞的时间流逝过程中也能获取和谐的能力。

② 波德莱尔：《忧郁》，钱春绮译本，第187页。——译者

“绵延”概念中越来越远离历史。“柏格森这位形而上学家避谈死亡。”[1]柏格森的“绵延”概念将死亡从中消除——这个事实也就使之实际上脱离了历史(以及史前)秩序。柏格森的“行动”概念与之保持一致。“实践的人”所特有的“健全的常识”是它的教父。[2] 消除了死亡的“绵延”像一个卷轴一样可怕地没有尽头。传统被排除在它之外。[3] “绵延”所代表的是披着借来的经验外衣四处炫耀的“逝去的瞬间”(体验)。相反,《忧郁》则赤裸裸地展示“逝去的瞬间”。让忧郁者感到恐怖的是,他看到地球正回复到纯粹的自然状态。地球上连一点前史的气息都没有,也没有任何光晕(aura)。这就是《虚无的滋味》的诗句里出现的地球。在我们前面引述的那两句(“时间在……”)后面紧接着的诗句是:

> 我从上空观看这圆滚滚的地球,
> 我不再去寻找一个藏身的住所。[4]

---

① 麦克斯·霍克海默:《论形而上学家柏格森》,载《社会研究期刊》,第3期(1934年),第332页。

② 见柏格森:《物质与记忆》,巴黎,1933年,第166页起。

③ 在普鲁斯特那里,经验的退化变质体现为他的终极意图的彻底实现。他不动声色地、坚持不懈地努力告诉读者:救赎是我的个人表演。没有比他的方式更聪明或更忠实的了。

④ 波德莱尔:《虚无的滋味》,钱春绮译本,第191页。——译者

11

如果我们把在不由自主的记忆中会聚集在一个感知对象周围的联想命名为光晕，那么在实用对象中与之相似的就是让娴熟手指留下痕迹的经验。使用照相机以及后来类似机械装置的技术扩大了有意的追忆的范围；这些技术借助这些装置有可能在任何时候用音像把一个事件永久地记录下来。因此，这些技术代表了在一个实践衰落的社会中的重大成就。在波德莱尔看来，达盖尔银板照相法有些让人极度不安和恐惧的东西；他说它施展“吓人而残酷”的魔力。[①] 因此他应该意识到我们所说的这种联系，尽管他肯定没有看透它们。他总是愿意给予现代事物一席之地，尤其是愿意在艺术里赋予它特殊的功能，这也决定了他对摄影的态度。凡是在他觉得它是一种威胁的时候，他就力图把它贬低为“错误的发展结果”[②]；但是他承认，这些进展是由“广大群众的愚蠢”促成的。“这些群众要求有一种能够迎合他们的抱负和他们的性情的理想……他们恳求的东西来自一个复仇之神，而达盖尔就是它的先知。”[③]不过，波德莱尔力图采取一种更调和的观点。照相术应该完全能够要求占有转瞬即逝的事物——那些事物有权“在我们的记忆档案里占有一席之

---

① 波德莱尔：《作品集》，第2卷，第197页。

② 同上书，第224页。

③ 同上书，第222页起。

地”——只要摄影不涉足“无形的、想象的领域”[①]:后者是艺术的领域,在那里只有“人在上面留下自己灵魂印记的东西”才获准有一席之地。这几乎是一个所罗门式的睿智判决。在机械复制技术的鼓励下,有意的、推理的记忆随时可以启动,这就压缩了想象力的活动范围。想象力或许可以定义为用“某种美的事物”来表达一种特殊欲望的能力,所谓“美的事物”被认为是这些欲望的满足。瓦莱里提出了实现这种满足的条件:“我们认定一个艺术作品的依据是,它激发我们产生的思想,它提示我们采取的行为方式都不能穷尽它或打发它。只要我们一息尚存,我们就会闻到花香而感到心旷神怡。我们不可能摆脱唤起我们的感觉的那种芬芳;任何回忆、任何思想、任何行为模式都不能抹杀它的效果或者使我们摆脱它对我们的控制。凡是以创造艺术作品为己任的人都追求这种效果。”[②]按照这种观点,我们所观看的绘画作品反射给我们的东西是我们的眼睛永远不能一览无余的。它所包含的、用于满足初始欲望的东西与以后继续用于满足欲望的东西是同一样东西。因此摄影与绘画的区别是很清楚的,这也就是为什么不可能有一个对二者都适用的普遍“创作”原则:对于永远不会将一幅画一览无余的眼睛而言,摄影更像是给饥饿者提供的食物,给干渴者提供的饮料。

以这种方式体现出来的艺术复制危机可被视为感知危机的一个组成部分。使我们在欣赏美的事物时永远不能满足的是关于过

① 同上书,第224页。

② 瓦莱里:序言,《法兰西百科全书》,第16卷:《当代社会的艺术与文学》,1,巴黎,1935年,16.04—5。

去的意象，波德莱尔认为它被思乡怀旧的热泪蒙上了面纱。“噢，你在前生前世就是我的姐妹或我的妻子”（歌德）；这个爱情宣言是一份献词，如此美好的事物理应获得它。由于艺术的目标就是美的事物，而且不管依照多么小的比例也要把它“复制”出来，因此它把它从时间的母体中召唤出来（正如浮士德把海伦召唤出来）。[①] 这在技术复制的情况下是不会发生的（美的事物在那里没有位置）。普鲁斯特抱怨，“有意的追忆”向他呈现的威尼斯的意象乏味而肤浅。他指出，“威尼斯”这个词引出了许多意象，但在他看来却像摄影展览会一样索然无味。[②] 如果说从“不由自主的回忆”产生的意象，其特征体现为它们的光晕，那么摄影则明确无疑地体现了“光晕衰微”的现象。在达盖尔银板照相法中肯定让人觉得了无生气（甚至有人说是一副死相）之处，是（长久地）盯着照相机，因为照相机记录我们的相貌，却不对我们的凝视做出回应。但是，我们在注视某人的时候是带着不言而喻的期待的，希望我们的目光会得到我们注视对象的回应。当这种期待得到满足时（这同样适用于思考过程中心灵眼睛的目光以及单纯的一瞥），我们就会最大程度

① 这种成功时刻本身就带有独特标志。这就是普鲁斯特作品的结构设计的基础。在每一个情景中，这位编年史家都被已逝时光的气息所打动，因此，每一个情景都是无可比拟的，而且脱离了日子的序列。

② 见普鲁斯特：《追忆似水年华》第8卷《重现的时光》，巴黎，1927年，第236页起。中译本下册第7部，徐和谨、周国强译，译林出版社1994年版，第501页（其译文为：我现在试图从我的记忆中取出其他的“快镜照片”，特别是它在威尼斯摄取的快镜照片，但只是这个词把它变得像摄影展览会那样乏味）。——译者

地体验到那种光晕。正如诺瓦利斯[①]所说："感受力是一种注意力。"[②]他心目中的感受力不是别的，就是感知光晕的能力。因此，对光晕的体验在根本上是把人际关系中常见的那种呼应转用于无生命物体(或自然物体)与人之间的关系。我们在看一个人时，或者这个人觉得自己被人观看时，他会反过来看我们。要感知我们所观看的某个对象的光晕，也就意味着将回看我们的能力赋予这个对象。[③] 这种经验正好与"不由自主的回忆"的资料相匹配(附带说，这些资料是独特的；它们是力求保存它们的记忆所捕捉不到的。因此它们支持光晕概念，这个概念意味着"一定距离的独一无二的显现"[④]。这个名称有利于阐明这种现象的膜拜性质。具有基本距离的事物是那种无法接近的事物；不可接近性是膜拜意象的一个基本特性)。普鲁斯特对光晕问题极其熟悉，这是毋庸赘言的。但是，值得注意的是，他不时地带有理论色彩地间接提到它："某些喜爱神秘的人愿意相信在各种物品上保留着观望过它们的目光中的什么东西。"(这似乎就是对注视做出回应的能力)"呈现在我们面前的纪念碑和图画无不戴着微妙的面纱，这是几个世纪

① 诺瓦利斯(Friedrich von Hardenberg Novalis，1772—1802)，德国浪漫派诗人。——译者

② 诺瓦利斯：《文集》，柏林，1901年，第2部分，第293页。

③ 这种赋予就是一个诗歌源泉。只要一个人、一个动物或一个无生命物体得到诗人的这种赠与而睁大了自己的眼睛，就会把诗人扔到远方。被如此唤醒的大自然会用凝视做梦，会拉着诗人追寻它的梦幻。词语也有它们的光晕。正如卡尔·克劳斯所描写的："人们越是仔细地观看一个词，它就像是从越远的距离回看人们"(卡尔·克劳斯：《为了制服和净化》，慕尼黑，1912年，第164页)。

④ 瓦尔特·本雅明：《机械复制时代的艺术作品》，载《社会研究杂志》，第5期(1936年)，第43页。

中无数崇拜者用爱和瞻仰的目光织成的。”普鲁斯特闪烁其词地推断:“如果他们把这个奇谈怪想搬移到各人唯一现实的范畴,即自身的情感世界中去的话,那它就会变成真实的了。”[①]瓦莱里把梦幻感知视为光晕感知的论述与此颇为接近,而且因其客观倾向而延伸得更远。“当人们说‘我在这里看到一个如此如此的物体’时并没有在我和物体之间建立一种等同关系……但是,在梦幻中就有这种等同关系。我所观看的事物就像我看它们那样看着我。”[②]庙宇在性质上与梦幻感知处于同一层次。波德莱尔这样描写庙宇:

> 行人经过该处,穿过象征的森林。
>
> 森林以亲切的目光对他注视。[③]

波德莱尔对这种现象的认识越深入,他的抒情诗就越明确无误地让人感到光晕的消散。这表现为一种象征形式。在《恶之花》中,凡是有人的目光出场的地方,我们几乎总能见到这种象征(毋庸赘言,波德莱尔的创作并没有遵循某种预先设想的模式)。这里

① 见普鲁斯特:《追忆似水年华》第 8 卷《重现的时光》,巴黎,1927 年,第 33 页起。中译本下册第 7 部,徐和瑾、周国强译,译林出版社 1994 年版,第 511—512 页(其译文为:某些喜爱神秘的人愿意相信在各种物品上保留着观望过它们的目光中的什么东西,呈现在我们面前的纪念碑和图画无不戴着情感的帷幕,这是几个世纪中无数崇拜者用爱和瞻仰的目光织成的。如果他们把这个奇谈怪想搬移到各人唯一现实的范畴、自身感觉的范畴中去的话,那它就会变成真实的了)。——译者

② 瓦莱里:《文选》,巴黎,1935 年,第 193 页起。

③ 波德莱尔:《感应》,钱春绮译本,第 19 页。——译者

涉及的问题是,人的目光所唤起的期待没有得到满足。对于波德莱尔所描写的眼睛,人们会不由得说,它们失去了观看的能力。但是这反而使它们具有一种魅力,这种魅力在很大程度上,甚至基本上被用来补偿他本能的欲望。正是在这些眼睛的魔力下,波德莱尔作品中的性脱离了色情。在(歌德的)《幸福的渴望》中有这样的句子:

> 任何距离不能让你踌躇,
> 你翩翩飞来,听任魔力的摆布。

如果说这个诗句应该被视为对那种饱含光晕体验的爱情的古典描写,那么在抒情诗里对这个诗句提出的重大挑战,大概没有超过波德莱尔的了:

> 我爱慕你,就像喜爱黑夜的穹苍,
> 哦,哀愁之壶,高大的沉默的女郎,
> 丽人啊,你,我的黑夜的装饰,
> 你越是逃避我,越是冷笑地、
> 好像要扩大我伸出的手臂
> 跟无限碧空的距离,我越是爱你。[①]

目光所需要克服的距离越深远,从凝视中散发出来的魔力就

---

① 波德莱尔:《我爱慕你》,钱春绮译本,第65页。——译者

越强大。在以镜子般漠然的眼睛里,疏远始终是彻底的。也正是出于这个原因,这种眼睛根本不知道距离。波德莱尔在一个精巧的诗句里表现了它们单调的呆视:

让你的眼睛死死地盯住

半人半羊的林妖或水妖。①

林妖和水妖不再是人类家族的成员。她们属于另一个世界。重要的是,波德莱尔把受到距离拖累的眼睛的注视当作"亲切的目光"②投射进他的诗歌里。这位没有找到一个家的诗人赋予"亲切的"这个词以充满承诺和舍弃的泛音。他自己迷恋于对他的目光不做回应的那双眼睛的魔力,不抱幻想地听任它们的支配。

你的眼睛炯炯发光,就像商店橱窗

又像节日里被灯火装饰的紫杉

凭着借用的权力而蛮横嚣张。③

波德莱尔在早期的一篇文章中写道:"沉闷往往是一种美的装饰。如果眼睛像黑黢黢的沼泽一样忧伤而有些浑浊,如果它们的

---

① 波德莱尔:《警告者》,参见钱春绮译本,第373页。译文略有不同。——译者

② 波德莱尔:《感应》,钱春绮译本,第19页。——译者

③ 波德莱尔:《你要把整个世界……》,参见钱春绮译本,第66页。译文略有不同。——译者

凝视犹如热带海洋般油腻滞碍，我们就把这归因于沉闷。”[①]当这样的眼睛开始转动时，它带有野兽猎捕食物的那种自我保护的警觉（例如妓女的眼睛一边打量着过路人，一边提防着警察。在康斯坦丁·居伊的许多妓女画中，波德莱尔发现了由这种生活所造就的相貌类型：“她的眼睛就像野兽的眼睛，盯着远处的地平线；它们带有野兽的那种躁动不安……但有时也表现出野兽突然紧张的警觉。”[②]）。很显然，城市居民的眼睛承担着过重的保护职能。乔治·齐美尔提到眼睛所承担的一些不为人所注意的任务。“有视觉而无听觉的人比有听觉而无视觉的人要焦虑得多。这里包含着大城市所特有的……某种东西。大城市的人际关系明显地偏重于眼睛的活动，而不是耳朵的活动。主要原因在于公共交通手段。在19世纪的公交车、铁路和有轨电车发展起来之前，人们不可能面对面地看着，几十分钟乃至几个钟头都彼此不说一句话。”[③]

在戒备的眼神里没有对遥远事物的梦幻迷惘。它甚至会让人以侮辱遥远的事物为乐。下面的奇异句子大概就应该从这种意义上来理解。在《1859年的沙龙》中，波德莱尔对风景画做了一番评述，最后承认：“我盼望全景画能够复兴。它那宏大而原始的魔法驱使我听命于一种有益的幻觉。我喜欢观看台子上的背景画幅，在那上面我发现我最喜爱的梦幻被高超的技法和可悲的简洁制作出来。这些东西完全是假的，但正因为如此反而更接近真实。相

① 波德莱尔：《作品集》，第2卷，第622页。

② 同上书，第359页。

③ 齐美尔：《相对主义哲学散论》，巴黎，1912年，第26页起。

反,我们的大多数风景画家恰恰是因为不能说谎而成为骗子。"①人们往往认为"有益的幻觉"不如"可悲的简洁"更重要。波德莱尔则强调距离的魔力;他甚至用市场货摊上的绘画作品作为标准来判断风景画。他的意思是距离的魔力将被打破,因为观众走近风景画布景时必然会出现这种需求吗?这一点体现在《恶之花》的一个著名诗句里:

轻烟似的快乐将在天边消隐,

就像一个空气精灵退入后台。②

① 波德莱尔:《作品集》,第 2 卷,第 273 页。

② 波德莱尔:《时钟》,见钱春绮译本,第 203 页。——译者

12

《恶之花》是最后一部具有欧洲范围影响的抒情作品；后来的作品都没有完全超越某种语言区域的界限。此外，还有一个重要的事实是，波德莱尔在这部作品里几乎倾注了自己的全部创造力。最后还有一点，不能否认，他的某些主题——我们这项研究的对象——使抒情诗的可能性变得可疑了。这三个事实界定了波德莱尔的历史意义。它们表明，他坚定不移地恪守他的事业，一心一意地致力于他的使命。他甚至宣称，他的目标是“创造一套俗语”。① 他把这个视为一切未来诗人的条件。他对于没有达到这一条件的诗人评价很低。“你喝的不是用玉液做的牛肉汤吗？你吃的不是来自帕罗斯岛的肉片吗？到了当铺，一把七弦琴能值多少钱？”② 对于波德莱尔来说，带着光环的抒情诗人已成明日黄花。在后来披露的波德莱尔的一篇文章《失去的光环》中，这种诗人是作为一个多余者出现的。在第一次整理波德莱尔的遗稿时，这篇文章被认为“不宜发表”而置之一旁。时至今日，研究波德莱尔的学者还一直忽视它。

“‘我看到什么，我亲爱的朋友？你——在这儿？我在一个名

---

① 参见于勒·勒梅特尔：《当代人：文学研究与文学肖像》，巴黎，1895 年，第 29 页与巴黎，1886 年，第 133 页。

② 波德莱尔：《作品集》，第 2 卷，第 422 页。

声很坏的地方发现了你——你这个不食人间烟火的家伙? 真的! 没有什么比这更让我惊讶的了。'

"'你知道,我亲爱的朋友,我是多么地害怕高头大马和四轮马车。我刚刚跑过一条马路。在这场行进的混乱中,死神从四面八方扑向你,我只能手忙脚乱地移动,因为光环从我头上滑落到泥泞的柏油便道上。我不敢去拾它,我想失去一个人的标记比起伤筋断骨来算不上什么。而且,我还对自己说,乌云背后总有一线光芒。现在我可以像普通人一样,不引人注意地到处走走,做点坏事,做些庸俗的举动。所以我就和你一样到了这儿!'

"'但是你应该为丢失光环而去挂失或者到失物招领处询问。'

"'我不会为它着急。我喜欢这里。你是唯一认出我的人。还有,端着架子早就让我烦了。我还想,要是有哪个坏诗人捡了光环,二话不说就戴在自己头上,那才好玩呢。我最喜欢让人高兴,如果这个高兴的人是我能够嘲笑的人,那就更好了。想象一下一个戴着它的某甲或某乙! 那不好玩吗?'"①

在他的日记里也可以看到同样的主题;只是结尾不同。诗人很快拾起光环,但立刻感觉不安,觉得这个事情可能是一个恶兆。②

写下这些文字的人不是一个闲逛者。这些文字以一种反讽的方式体现了下面这句话所表达的同一种经验。这句话是由波德莱尔信笔而一气呵成的:"沉沦在这个不光彩的世界里,被人群推来

① 波德莱尔:《作品集》,第1卷,第483页起。

② 见波德莱尔:《作品集》,第2卷,第634页。记载这个想法很可能起因于一次情感波动。把它与波德莱尔的作品联系起来,更有揭示意义。

搡去，我就像一个饱经风霜的人：他的眼睛向后看，一眼看到岁月的底蕴，只看到幻灭和艰辛；在他前面也只有一如既往的狂风暴雨，既不能给出新的教训，也不会引起新的痛苦。”①在影响了他的一生的各种经验中，波德莱尔单单挑出被人群推搡这种经验作为决定性的、独一无二的经验。流动的、具有自己灵魂的人群闪烁着令闲逛者感到眩惑的光芒，但这种光芒对于波德莱尔来说则显得越来越黯然。为了牢记人群的粗俗印象，他甚至预想到，有朝一日就连堕落女人、流氓浪子也都愿意鼓吹过一种井然有序的生活，谴责自由放浪，只认金钱不认其他。由于这些最后的盟友都背叛了他，因此波德莱尔向人群宣战——以与狂风暴雨作战的那种声嘶力竭方式。这就是某种被波德莱尔赋予了经验（Erfahrung）分量的体验（Erlebnis）。他显示了现代感觉可能付出的代价：光晕在震惊经验中消散。波德莱尔因为认同这种消散而付出昂贵的代价——但这正是他的诗歌的法则。他的诗歌就像“一颗没有大气圈的星星”②闪耀在第二帝国的天空。

---

① 波德莱尔：《作品集》，第2卷，第641页。

② 尼采：《不合时宜的考察》，莱比锡，1893年，第164页。

附录　波德莱尔论丹蒂[①]

---

① 摘自波德莱尔的文章:《现代生活的画家:康斯坦丁·居伊》(*Le peintre de la vie moderne. Contantin Guys*)。

本篇译文经梁爽校订。——译者

这些富裕、无事有闲的人即使对任何事情都再无兴趣，也会追逐幸福，除此再无其他事可做；这些生于富贵、惯于颐指气使的人，这些除了优雅没有别的职业的人在所有时代都戴着一张完全有别于他人的面容。丹蒂主义是一种较为模糊的习俗，就像“决斗”一样奇怪。它的历史源远流长，因为有着像恺撒、卡提林、亚西比德[1]这样鲜明的典范；它的身影到处可见，因为夏多布里昂在新大陆的森林里和大湖畔也发现了这种习俗。丹蒂主义是不受法律约束的习俗，但具有严格的律法，不论它的臣民个性是热烈或独立，他们都一丝不苟地遵守着。

英国小说家与别国作家相比更致力于“高雅生活”类型的小说，而像德·居斯蒂纳侯爵[2]一样的一些法国人更愿意书写爱情小说。他们会首先十分明智地赋予小说人物充裕的财富，让他们能毫不犹豫地把一切突发奇想变成现实；其次再让他们都不受职业束缚。这些人没有其他事务，只需一心培养美感、满足激情，只需去感受、去思考。因此，这些人物拥有可随心所欲支配的大量时间与金钱——若无这二者，他们的突发奇想则只是南柯一梦，永远无法实现。而且不幸的事实是，若没有闲暇和金钱，爱情也不过就是普通人的片刻放荡或夫妻履行义务罢了。它不再是那炙热的或令人遐想的一时冲动，而成为一种让人厌恶的**功利**。

---

① 卡提林(Calitina，公元前108—公元前62)，罗马共和国末期贵族，曾阴谋叛变未果。波德莱尔的《唐璜之末日》(*La fin de Don Juan*)中也有他的影子。亚西比德(Alcibiades，约公元前450—公元前404)，雅典政治家。——译者

② 德·居斯蒂纳侯爵(Marquis de Custine，1790—1857)，法国诗人、小说家。波德莱尔很是赏识此人才华，并将其置于文学界中的丹蒂之列。——译者

关于丹蒂主义我谈到了爱情,那是因为爱情是有闲者的天然职业,但丹蒂并不会把爱情当作一个特殊目标。我也谈到了金钱,那是因为对于那些崇拜自己激情的人来说,金钱是不可或缺的。然而丹蒂不会把财富当作一种本质的事情来追求,一个无尽的信用对其足矣,他把那种粗俗的激情让给了凡夫俗子。而且,丹蒂主义并不像许多不动脑子的人想象的那样,它不是对衣着打扮以及物质高雅过分偏好,这些对于一个地道的丹蒂来说不过是他精神的贵族优越性的表现。此外,他首先崇尚区别。在他看来,完美的衣装就在于极致的简单,这其实才是他显示其与众不同的上策。丹蒂主义这种激情吸引着一批具有支配力的信徒。这种已经成为教义的激情究竟是什么?这个造就了一个如此高傲的阶层的不成文习俗是什么?它首先是一种在社会习俗最大限度内的对创造独特性的热切渴望。它是一种自我崇拜,不满足于仅在他人(例如女人)身上寻找幸福,甚至不满足于所谓的幻想。这是一种惊世骇俗的乐趣,一种别人永远无法让自己吃惊的自负的满足感。丹蒂可能对任何事物都再无兴趣,可能忍受着痛苦,但在后一种情况下,他会保持脸上的微笑,就像被狐狸啃食肝脏致死的斯巴达少年那样不动声色。

从某些角度看,丹蒂主义近似于唯精神主义或斯多葛主义,但是丹蒂却绝不可能是一个庸俗的人。他若犯了罪,或许还不会丧失丹蒂之名,但是若这罪行出于某种卑微的缘由,那么他的耻辱则无可补救。平庸的原因能造成如此严重的后果,读者万万不能对此感到愤慨,千万要记得疯狂中存在着伟大,偏激中存在着力量。这是一种多么奇特的唯精神主义啊!对既是丹蒂主义宣扬者又是它的受害者的人而言,那不分昼夜无时无刻无可挑剔的梳妆打扮也好,那最冒险的体育竞技比赛也罢，所有这些支配他们的复杂物质条件都仅仅是为了磨炼意志和提升精神的体操训练而已。实际上，我把丹蒂主义看作一门宗教并不是完全没有道理的。修道士最严格的戒律、山中老人[①]不能违抗的命令——他责令弟子吸毒致幻后自杀——并不比这种追求高雅、独特的教义更专制、更让人奴颜婢膝，丹蒂主义教义也同样向它的那些狂傲而又谦卑的信徒、那些往往满腔热情与激情、充满勇气与自制力的人发出强烈的训令：像死尸一样（地服从）！[②]

无论这些人被称作高雅的人、奇人，还是被称作风雅之士、名士、丹蒂，所有这些称谓的由来都是相同的，都具有对立和反抗的特点，都反映了人类傲慢中好的一面，反映着现代人中极其罕见的对抵制和消灭庸俗的渴求。丹蒂的心中也由此产生出一种属于这个具有挑衅性阶层的高傲气质，在冷漠中也如此。丹蒂主义在过渡时期尤其容易出现。在这些时期，民主还未主宰一切，而贵族只是部分地失势和遭鄙视。在这些时代的混乱中，一些人社会地位下降，感到烦闷、无所事事，但他们都富有与生俱来的能力。他们会构想建立一种新的贵族制，它建立在这些人最珍贵、最无法被摧毁的能力之上，建立在工作与金钱都无法带来的上天对这些人的恩赐之上，因此是更难打破的体制。丹蒂主义是颓废时代最后一道英雄主义的闪光；旅行者[③]在北美发现的丹蒂根本不足以否定这一论断；因为没有理由让我们不相信我们称为野蛮的部落不过

---

① 山中老人是《马可·波罗游记》中描述的一个帮派首领，波德莱尔在他的随笔集《人造天堂》（*Les Paradis artificiels*）中也曾提及。——译者

② 原文为拉丁语。

③ 指上文提到的夏多布里昂。

是失落的伟大文明的残余。丹蒂主义是落日余晖；与落日一样，如此华美，没有灼人的炙热且充满着忧郁。但是，唉！民主好似涨潮般侵蚀一切，荡平一切，日日淹没掉人类骄傲的最后代言人，还用遗忘之浪洗刷掉这些非凡的“小人物”的痕迹。如今丹蒂在我们的国度中变得越来越稀少，而在邻邦英国，社会现状和宪政(真正的宪政是风俗表达出的)将在很长的时间内为谢里丹、布鲁梅尔[①]和拜伦的后继者留有一席之地——只要有这样的人出现。

实际上，这并不是一篇读者看来的离题之作。许多情况下，由一个艺术家的绘画带来的道德思考与遐想是批评家能够对这些作品做出的最好诠释；他们做的提示与启发是一个起源思想的组成部分。将它们陆续揭示，人们就可能猜测到这个起源思想本身。我无须多言，当居伊先生把每一个丹蒂形诸纸上时，他总是赋予其历史特色，甚至能说是传说般的特色——若丹蒂主义已消失且不被世人看作轻浮之事的话。而正是在此体现了丹蒂这种轻松的举止、自信的风度、处于支配地位时显出的简单、穿衣、骑马的风格以及永远从容却彰显着力量的态度。当我们的目光移到画中一位神秘的混合着美貌与威慑力的丹蒂身上时，上述的一切会让我们想到：“这或许是个有钱人，但更有可能是一个没有工作的赫拉克勒斯。”

丹蒂之美在于冷漠，这种冷漠源于不为所动的坚定决心；就像是一团让人猜测的潜伏的火焰，有能力却不愿意照亮四方。这正是这些画作所完美表达的。

---

① 谢里丹(Richard Brinsley Sheridan，1751—1816)，爱尔兰剧作家、政治家，长期生活在英格兰。布鲁梅尔(George Bryan Brummell，1778—1840)，英国著名的丹蒂，曾经用继承的遗产建造“光棍公寓”。——译者

图书在版编目(CIP)数据

巴黎,19世纪的首都/(德)本雅明著;刘北成译.—北京:商务印书馆,2013(2024.3重印)
(汉译世界学术名著丛书)
ISBN 978-7-100-09421-4

Ⅰ.①巴… Ⅱ.①本…②刘… Ⅲ.①城市景观—建筑史—研究—巴黎—19世纪 Ⅳ.①TU-856

中国版本图书馆CIP数据核字(2012)第215194号

汉译世界学术名著丛书
巴黎,19世纪的首都
〔德〕瓦尔特·本雅明 著
刘北成 译

商 务 印 书 馆 出 版
(北京王府井大街36号 邮政编码100710)
商 务 印 书 馆 发 行
北京虎彩文化传播有限公司印刷
ISBN 978-7-100-09421-4

2013年3月第1版　　开本 850×1168 1/32
2024年3月北京第5次印刷　　印张 8⅜
定价:38.00元